RECHERCHES SUR L'INCRUSTATION

DES

CHAUDIÈRES A VAPEUR.

35.652

PARIS. — IMPRIMÉ PAR E. THUNOT ET Cᵉ
Rue Racine, 26 , près de l'Odéon.

RECHERCHES SUR L'INCRUSTATION

DES

CHAUDIÈRES A VAPEUR

Par M. E. COUSTÉ,

ANCIEN ÉLÈVE DE L'ÉCOLE POLYTECHNIQUE, EMPLOYÉ SUPÉRIEUR
DU SERVICE DES TABACS.

MÉMOIRE

PRÉSENTÉ A LA COMMISSION CENTRALE DES BATEAUX A VAPEUR
PRÈS LE MINISTÈRE DES TRAVAUX PUBLICS;

SUIVI DU RAPPORT DE LA COMMISSION.

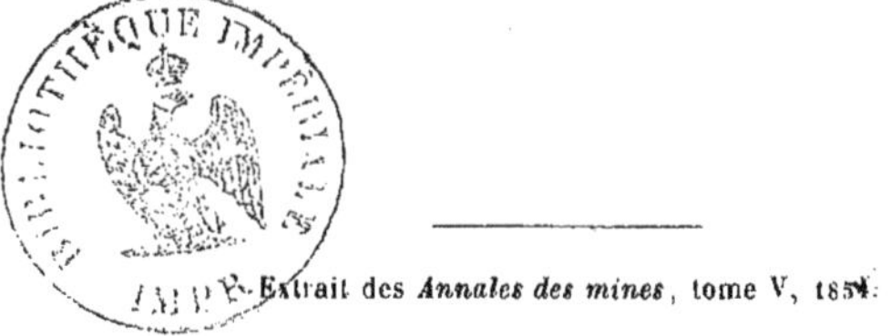

Extrait des *Annales des mines*, tome V, 1854.

PARIS.

CARILIAN-GOEURY ET Vor DALMONT,

LIBRAIRES DES CORPS IMPÉRIAUX DES PONTS ET CHAUSSÉES ET DES MINES,
Quai des Augustins, n° 49.

1854

RECHERCHES

SUR

L'INCRUSTATION DES CHAUDIÈRES A VAPEUR.

CHAPITRE PREMIER.

IMPORTANCE DE LA QUESTION.

§ 1.

La préservation des chaudières contre les incrustations que l'eau forme en se vaporisant, est une question qui préoccupe depuis longtemps les esprits familiarisés avec les besoins de l'industrie, et qui mérite d'attirer l'attention du gouvernement. Effets de l'incrustation.

La question, en effet, importante sous le rapport de l'économie de combustible, de la conservation des chaudières et de leur puissance, ne l'est pas moins au point de vue de la sécurité publique.

On sait que la surface de chauffe des chaudières, lorsqu'elle est couverte d'une croûte terreuse qui la soustrait au contact de l'eau, transmet difficilement la chaleur. De ce fait résultent divers inconvénients :

1° Perte de combustible: l'intensité du feu devant être augmentée, afin de produire la quantité de vapeur voulue, et, par conséquent, les gaz de la combustion s'échappant dans la cheminée avec une plus haute température ; Perte de combustible.

2° Détérioration prompte de la chaudière, par l'oxydation des parois incrustées ; Destruction des chaudières.

3° Lorsqu'il s'agit d'un navire, perte considérable Perte de tonnage utile.

1.

dans le tonnage utile, par suite de l'augmentation d'approvisionnement de combustible ;

Chances d'explosion.

4° Création des seules chances d'explosion contre lesquelles ne puissent rien la prudence et les soins dans la conduite de la chaudière, et qui expose le navire à de grands dangers.

C'est donc au nom de graves intérêts que l'industrie et la navigation à vapeur réclament un moyen de prévenir l'incrustation des chaudières. Et s'il est vrai que, grâce à l'activité de l'intelligence humaine, un problème qui se présente avec un caractère vrai de grandeur ou d'utilité est bientôt résolu, on ne saurait trop faire pour signaler l'importance de celui dont il s'agit ici.

Point capital de la question.

Je ne me bornerai donc pas à la simple énonciation que je viens de faire des fâcheux effets de l'incrustation ; mais j'évaluerai, avec toute l'exactitude possible, celui de ces effets qui me paraît le plus saillant, et en même temps le plus important et le plus susceptible d'une estimation précise : je veux parler de la *perte de combustible.*

§ 2. — *Perte de calorique due à l'incrustation.*

Il n'a point été fait, à ma connaissance, d'expérience directe pour déterminer la perte de calorique due à l'incrustation. On n'a, sur l'estimation de cette perte, que des idées vagues et très-diverses. M. Grouvelle (*Guide du chauffeur*, page 108) estime cette perte de 8 à 10 p. 100. Dans une usine à blé à Bordeaux, on estimait à 15 p. 100 la perte de calorique due à l'incrustation. Des remarques faites par un constructeur du Havre sur la consommation dans les chaudières neuves et sur celle qui avait lieu dans ces mêmes chaudières après quelques jours de navigation, font ressortir cette perte à environ 40 p. 100. Un autre constructeur, M. Cavé, dans des essais faits dans un autre but, a remarqué qu'une chaudière neuve donnant 8 kilogrammes de vapeur pour 1 kilogramme de houille, donnait un rendement qui diminuait jusqu'à 4 kilogrammes à mesure qu'elle s'incrustait.

De ces divers renseignements, les deux derniers seuls sont concluants, parce qu'ils constatent la comparaison de l'état d'incrustation à celui d'une propreté complète. Ils annoncent des résultats concordants; ils sont d'ailleurs confirmés, comme nous allons le voir, par le calcul théorique. Nous pouvons donc les regarder comme l'expression de la vérité, et évaluer en conséquence à au moins 40 p. 100 la perte de combustible due à l'incrustation, dans les chaudières qui, soit par la nature des eaux qu'elles vaporisent, soit par défaut de nettoyages complets et assez fréquents, se couvrent de croûtes terreuses épaisses.

La pratique indique une perte d'environ 40 o/o.

Calcul théorique de la perte de calorique due à l'incrustation. — Ne voulant avancer aucune assertion sans la justifier, je présenterai le calcul par lequel je suis arrivé à une évaluation approximative de la perte de calorique due à l'incrustation en général. Seulement, pour ne pas retarder la marche du lecteur vers le but essentiellement pratique de ce mémoire, et pour ne pas fatiguer son attention par les considérations ardues d'un problème physico-mathématique, je me bornerai à citer ici les résultats du calcul, et j'en donnerai les détails dans une note placée à la fin. J'agirai de même pour toutes les questions que j'ai dû traiter scientifiquement dans le cours de ce travail.

Le calcul confirme le résultat ci-dessus.

Les résultats de ce calcul sont comme il suit (voir la note 1 à la fin du mémoire) :

1° La perte du calorique augmente rapidement avec l'épaisseur des croûtes.

2° En représentant cette perte par la différence qui existe entre la consommation de combustible dans une chaudière à un état moyen d'incrustation, et la consommation qui aurait lieu dans la même chaudière supposée sans incrustation, cette perte sera représentée, pour les chaudières de divers systèmes, par les nombres suivants, qu'on peut considérer comme des *minima* :

```
Chaudiéres de Watt à base pression (1at.,25) à galeries
   ou à à tombeaux . . . . . . . . . . . . . . . . . . . . 40 0/0 ⎞ par rapport
Chaudières tibulaires à moyenne pression (3 at.). . . . 50       ⎟    à la
Chaudières cylindriques à haute pression (5 at.). . . . 40       ⎬ consommation
Chaudières de locomotive en cuivre (5 at.). . . . . . . 40       ⎠    actuelle.
```

§ 3. — *Position de la question en ce qui concerne la navigation à vapeur.*

La perte, dans les chaudières navales, est d'au moins 40 0/0.
On voit, d'après ce qui précède, que la perte du combustible due à l'incrustation est, en moyenne, d'au moins 40 p. 100 pour les générateurs des machines navales, lesquels sont presque exclusivement dans le système de Watt avec carneaux à galerie. Par conséquent, la seule suppression de l'incrustation produirait une économie de 40 p. 100 dans la consommation actuelle du combustible.

L'incrustation rend impossible, pour les chaudières navales, l'emploi de la vapeur à pression élevée.
En outre, la suppression de l'incrustation doit produire indirectement un autre avantage considérable : c'est de rendre possible, dans la navigation maritime, l'emploi de la vapeur à moyenne pression, et de permettre de réaliser ainsi, par le bénéfice de la détente de la vapeur, une économie d'au moins 50 p. 100 sur la consommation qui aurait lieu dans une chaudière à basse pression, non incrustée.

En énonçant cette dernière assertion, je ne fais qu'anticiper sur les conclusions de ce mémoire : je prouve, en effet, plus loin, que l'emploi de la vapeur à pression élevée, dans la navigation maritime en général, et surtout dans celle de long cours, sera pratiquement impossible tant qu'on n'aura pas un moyen d'éviter l'incrustation.

D'après cela, la portée de la question dont il s'agit ici peut être indiquée par une économie d'environ 66 p. 100.

Qu'on ajoute à cela les avantages résultant d'une plus grande durée des chaudières, d'un notable amoindrissement des frais de réparation et des chômages, d'une grande augmentation dans le tonnage utile des navires, de l'anéantissement de toutes chances d'explosion qui ne proviendraient pas de l'imprudence ou de l'incurie, et l'on aura une idée, encore amoindrie, de l'importance du problème de la préservation des chaudières contre l'incrustation.

La question étant ainsi définie, je vais exposer le travail que j'ai entrepris pour la résoudre.

CHAPITRE II.

FORMATION DES DÉPÔTS.

§ 1. — *Description des dépôts des chaudières navales.*

Pour suivre une voie sûre dans mes recherches, j'ai pensé qu'il fallait commencer par déterminer la nature des dépôts, puis reconnaître les circonstances essentielles de leur formation. A cet effet, j'ai visité les chaudières de plusieurs steamers.

Voici les faits que j'ai observés :

Tous les endroits de la chaudière baignés par l'eau sont couverts d'une croûte blanchâtre, à surface mamelonnée, dure comme du marbre, à cassure en partie amorphe et en partie cristalline. L'épaisseur de cette croûte varie beaucoup : d'environ 2 millimètres sur la caisse du foyer, elle est de 10 à 15 millimètres sur les points de la surface de chauffe où la chaleur est peu intense. Au fond des chaudières, on trouve une quantité considérable d'écailles, tantôt minces et isolées, tantôt agglomérées et formant des concrétions quelquefois grosses comme des moellons.

Dépôts concrétionnés. Description.

Si l'on examine la cassure d'une croûte un peu épaisse, encore adhérente à la paroi, on remarque de petits filets jaunâtres, de consistance terreuse et moins dure, suivant lesquels la concrétion se clive facilement. La face de contact avec le métal est noircie par une couche d'oxyde; en partant de cette face, on trouve une série de couches amorphes, blanches, divisées par les filets jaunâtres dont je viens de parler; et, à la face opposée, il y a généralement une couche d'apparence cristalline.

Si l'on examine de même une des écailles un peu épaisses qu'on trouve détachées au fond des coursives, on voit qu'elle est souvent formée d'un noyau de couches amorphes, complétement enveloppé par une couche cristalline plus ou moins épaisse.

Composition. Le principe constitutif des dépôts concrétionnés des chaudières navales est le sulfate de chaux.

J'ai fait l'analyse chimique de plusieurs échantillons de croûte. En voici les résultats pour trois échantillons pris, l'un dans la chaudière du *Hambourg*, dans l'Océan, les autres dans deux chaudières tubulaires de steamers de la Méditerranée.

Composition des dépôts concrétionnés des chaudières navales.

ORIGINE des dépôts.	PRODUITS ÉLÉMENTAIRES.						COMPOSITION.				
	Acide sulfurique.	Acide carbonique.	Chaux.	Magnésie.	Fer et alumine.	Eau.	Sulfate de chaux.	S. - carbonate de magnésie.	Magnésie libre.	Fer et alumine.	Eau.
Carneau de la surface *indirecte* de la chaudière du *Hambourg* (croûte en partie cristalline).	50,00	1,00	35.20	7,20	»	6,60	85,20	2,25	5,95	»	6.60
Tube de chaudière tubulaire de la Méditerranée (croûte en grande partie amorphe).	50.01	1,04	34,93	8,96	0.41	4,65	84,94	2,34	7,66	0,41	4,65
Tube d'une autre chaudière de la Méditerranée. (croûte en grande partie amorphe)..	47,61	1,42	33,29	12,62	0,50	4,56	80,90	3,19	10,85	6,50	4.56

Outre les dépôts que je viens de décrire, on trouve Dépôts vaseux.
dans la chaudière, au fond, entre les rivets, et sur les
plans horizontaux de la surface de chauffe, un dépôt
vaseux composé, en proportions très-variables, de sulfate de chaux, de magnésie libre, de sous-carbonate de
magnésie, de traces de fer et d'alumine, de silice et de
matières organiques.

Cette vase, non plus que le dépôt concrétionné, ne Les dépôts, soit concrétionnés,
contient point de carbonate de chaux ; car la chaux et soit vaseux, des chaudières navales sont exempts
l'acide sulfurique s'y trouvent dans les proportions de carbonate de chaux.
voulues pour se saturer l'une par l'autre.

Je constate donc dès à présent (sauf à le justifier
plus amplement dans la note n° 2 à la fin du mémoire)
ce fait important : c'est que les *dépôts formés dans les
chaudières alimentées à l'eau de mer, soit concrétionnés,
soit vaseux, sont exempts de carbonate de chaux*, carac-

tère qui les distingue essentiellement de ceux qui se produisent dans les générateurs alimentés à l'eau douce.

§ 2. — *Théorie de la formation des dépôts dans les chaudières navales.*

Après avoir constaté par l'analyse la nature des dépôts, j'ai recouru à la synthèse pour déterminer les circonstances de leur formation, et en déduire la théorie du phénomène. Les résultats de cette synthèse sont décrits et expliqués dans la note n° 2 (à la fin du mémoire). J'en déduis, comme conclusion, la théorie suivante de la formation des dépôts.

Le sous-carbonate de magnésie et la magnésie libre n'ont pas de tendance à se concrétionner.

1° *Dépôts vaseux.* — Après quelques instants d'ébullition, l'eau de la chaudière se trouble et reçoit en suspension, d'abord de la magnésie libre, puis du sous-carbonate de magnésie. Ces deux précipités, peu abondants, sont légers, floconneux, et n'ont aucune tendance à s'agréger. Ils forment, avec les matières organiques et terreuses que l'eau de mer tient en suspension, le dépôt vaseux qu'on trouve au fond des chaudières et sur les plans horizontaux de la surface de chauffe.

L'incrustation commence lorsque l'eau de la chaudière est au point de saturation par rapport au sulfate de chaux.

2° *Incrustation.* — Lorsque, par le progrès de l'ébullition, l'eau est arrivée à saturation par rapport au sulfate de chaux, ce sel se dépose en croûte cristalline, adhérente, sur toutes les surfaces baignées par l'eau.

On verra plus loin que l'incrustation peut commencer avant la saturation, sur les parties de la surface fortement chauffées, sans que l'ensemble de l'eau soit arrivé à saturation.

Les croûtes sont divisées en couches par des filets sédimentaires de magnésie et de sous-carbonate de magnésie.

3° *Développement de la croûte par couches.* — Lorsque la marche de la chaudière est arrêtée et que l'eau est refroidie, la partie du dépôt vaseux que les mouvements de l'ébullition tenaient en suspension tombe sur les parois de la chaudière, ou plutôt sur les croûtes qui les recouvrent; et cette couche très-mince de vase, logée dans les aspérités de la surface mamelonnée de la croûte, y restera en majeure partie lorsque l'ébullition recommencera. Alors, si l'eau se trouve encore au-dessus du point de saturation de sulfate, il se formera une seconde couche de ce sel, superposée à la première; et ainsi la croûte se trouvera divisée par un filet de magnésie et de sous-carbonate avec un peu d'oxyde de fer ou de matière organique qui donne une couleur jaune.

4° *Différences d'épaisseur des croûtes.* — La chaleur étant très-vive sur les parois de la caisse du foyer, l'évaporation y sera très-active, et, par suite, le dépôt s'y développera très-rapidement. Les croûtes devraient donc y être plus épaisses qu'ailleurs; mais c'est le contraire qui a lieu, parce que, au fur et à mesure qu'elles se forment, elles sont détachées par les mouvements de contraction et de dilatation que le métal éprouve à chaque recrudescence de l'intensité du feu. On trouve en effet que les croûtes qui recouvrent cette partie de la surface ne sont guère composées que d'une seule couche sans filet dans la cassure.

Par le motif contraire, la croûte prendra plus d'épaisseur sur les points peu chauffés, et sera composée de couches distinctes, divisées par des filets, et généralement moins épaisses que la couche unique des parois du foyer.

5° *Cassure amorphe des croûtes.* — Nous avons dit que la cassure des croûtes est amorphe dans presque toute leur épaisseur, sauf à la face opposée à celle du contact, où elle offre une apparence de cristallisation; nous avons dit aussi que parmi les concrétions isolées qu'on voit au fond de la chaudière, la majeure partie est formée d'un noyau amorphe enveloppé de couches cristallines.

Ces circonstances prouvent qu'au moment où une couche se dépose, elle a le caractère de la cristallisation dû à une certaine proportion d'eau, mais qu'au bout d'un certain temps de contact avec le métal, cette eau de cristallisation se dégage et la croûte devient amorphe. Le contact de la surface de chauffe suffit pour produire cet effet, car elle est toujours supérieure à 300°, et l'on sait que 200° suffisent pour enlever au sulfate de chaux son eau de cristallisation. On conçoit d'ailleurs que cette déshydratation aille en diminuant à partir de la face de contact, et qu'elle soit nulle à la face baignée par le liquide, celui-ci n'ayant guère plus de 120° de température.

§ 3. — *Formation des dépôts des chaudières alimentées à l'eau douce.*

Composition des eaux douces. Toutes les eaux douces, à l'état naturel, contiennent du bicarbonate de chaux. La plupart renferment aussi du sulfate de chaux, du chlorure de calcium, du chlorure de magnésium, du sulfate de magnésie ; ces deux derniers sels en très-faible proportion, généralement.

Dépôts du carbonate de chaux à l'état vaseux. La majeure partie du carbonate de chaux se dépose, dès les premiers moments de l'ébullition, par l'effet du dégagement d'acide carbonique. Ce dépôt affecte la forme vaseuse en général, et donne peu de concrétions.

Incrustation due au carbonate de chaux. Mais une partie de ce sel reste en dissolution : l'eau pure retient, en effet, de 1/24000 à 1/16000 de carbonate de chaux. C'est cette partie qui, en se précipitant lentement et au fur et à mesure que la vaporisation se fait, cristallise et concourt à former les concrétions.

Le carbonate de chaux figure toujours dans les dépôts vaseux ou concrétionnés. Les mêmes réactions que nous avons signalées pour les eaux de mer (voir la note n° 2), entre les sels calcaires et les sels magnésiens, se reproduisent dans les eaux douces, et tendent à diminuer la quantité de carbonate de chaux préexistante ; mais comme ici le carbonate de chaux est très-abondant relativement au chlorure de magnésium qui tend à le détruire, le premier de ces sels subsiste dans le dépôt, contrairement à ce qui se passe pour les eaux de mer.

Quant au sulfate de chaux, il cristallise et concourt au développement de la concrétion, dès le moment où l'eau est arrivée à saturation par rapport à ce sel.

Incrustation due au sulfate de chaux.

On comprend d'après cela que l'élément constitutif de ces dépôts, vaseux ou concrétionnés, consistera soit en carbonate de chaux seul, soit en un mélange, à proportions variables, de carbonate et de sulfate de chaux, suivant la nature des eaux d'où ils proviennent.

Composition des dépôts.

CHAPITRE III.

MOYENS D'EMPÊCHER L'INCRUSTATION.

Le monde industriel s'occupe depuis longtemps de la recherche d'un moyen propre à prévenir l'incrustation des chaudières. On a déjà essayé beaucoup de procédés, et chaque jour on propose l'emploi de nouvelles substances chimiques ou autres. Mais tous ces procédés ont échoué, et ce qui précède explique pourquoi il en a dû être ainsi.

Procédés employés jusqu'ici contre l'incrustation.

Ce n'est point par l'action directe des agents chimiques qu'on empêchera l'incrustation, et s'il existe quelque moyen d'atteindre ce but, il n'y a guère de chances de le découvrir que par l'étude des particularités que peut présenter la solubilité du carbonate et du sulfate de chaux, puisque l'incrustation n'est qu'une cristallisation de ces sels.

Les agents chimiques sont impuissants contre l'incrustation.

D'ailleurs, la synthèse précitée et décrite dans la note n° 2, met sur la trace d'un moyen qui offre des chances de succès, et qui est fondé sur la solubilité du sulfate de chaux dans les eaux salées.

J'ai donc été conduit à étudier, au point de vue spécial de la question qui nous occupe, la solubilité du sulfate et du carbonate de chaux.

Les détails de cette étude sont indiqués dans la note n° 3 (à la fin du mémoire). En voici les principaux résultats :

1° Le sulfate de chaux est moins soluble à chaud qu'à froid, soit dans l'eau de mer soit dans les eaux douces.

Pour les températures supérieures à 100°, la solubilité du sulfate de chaux, dans l'eau de mer, diminue à peu près proportionnellement à l'augmentation de la température; et par conséquent cette solubilité diminue très-rapidement par rapport à l'augmentation des pressions correspondantes.

Le tableau ci-après indique cette solubilité pour diverses températures, ainsi que les degrés de concentration auxquels la saturation, par rapport au sulfate de chaux, a lieu.

Solubilité du sulfate de chaux,

diminue lorsque la température augmente.

TABLEAU A. — *Solubilité du sulfate de chaux à diverses températures au-dessus de 103°.*

Degrés de l'aréomètre correspondant à la saturation.	Températures.	Pressions en atmosphères.	Proportion de sulfate de chaux sur 100 d'eau à saturation, ou solubilité.	Degrés de l'aréomètre correspondant à la saturation.	Températures.	Pressions en atmosphères.	Proportion de sulfate de chaux sur 100 d'eau à saturation, ou solubilité.
degr.	degr.	atm.		degr.	degr.	atm.	
12,5	103,00	1	0,500	6	118,50	»	0,226
12	103,80	»	0,477	5	121,20	»	0,183
11	105,15	»	0,432	4	124,00	2	0,140
10	108,60	1 1/4	0,395	3	127,60	»	0,097
9	111,00	»	0,355	2	130,00	2 1/2	0,060
8	113,20	»	0,310	1	133,30	»	0,023
7	115,80	1 1/2	0,267				

Ce tableau exprime que, par exemple, l'eau de mer étant soumise à l'ébullition sous pression de 1 atmosphère, ou à 103° température, arrivera à saturation de sulfate de chaux lorsqu'elle aura acquis la concentration de 12°,5 de Beaumé ; et alors elle contiendra 0,500 p. 100 de ce sel ; à 1^{atm}.,25 ou à 108°,6 de température l'eau sera à saturation de sulfate de chaux lorsqu'elle marquera 10° et contiendra alors 0,395 p. 100 en sulfate de chaux ; à 2 atm. de pression ou 124° de température, l'eau de mer, dans son état naturel et avant qu'elle ait éprouvé aucune concentration, est très-voisine du point où la saturation a lieu ; car l'eau naturelle marque de 3 à 3°,5 ; et dans ce cas-ci la saturation a lieu à 4° de concentration.

2° Le sulfate de chaux devient totalement insoluble, soit dans l'eau de mer soit dans les eaux douces, à des températures comprises entre 140 et 150°. Et si l'on expose à ces températures de l'eau contenant de ce sel en dissolution, il se précipite en entier sous forme de petits cristaux ou de pellicules très-minces, suivant que ce sel est plus ou moins abondant dans la dissolution.

Le sulfate ainsi précipité se redissout après le refroidissement, mais avec d'autant plus de lenteur que la température, à laquelle il s'est déposé, est plus élevée. Celui qui se dépose à 150° met plusieurs jours à se redissoudre, lors même que sa proportion relativement à l'eau est très-faible.

3° Le carbonate de chaux neutre est un peu soluble dans l'eau pure. Cette solubilité à froid est, d'après Buchloz de 1/24000 à 1/16000. Elle diminue à mesure que la température augmente ; et quoiqu'elle diminue moins rapidement que celle du sulfate de chaux, elle devient néanmoins nulle à la température de 150° : à cette température l'eau contenant du carbonate de chaux en dissolution l'abandonne totalement ; et une fois ainsi précipité , le carbonate ne se redissout point par le refroidissement.

De ces faits nous tirerons plus loin des conséquences qui conduiront à la solution de la question qui nous occupe.

CHAPITRE IV.

PRINCIPE DE L'ÉVACUATION.

§ 1.

Dans la synthèse précédemment citée (note n° 2) j'ai reconnu que, pour l'eau de mer,

1° La matière réellement incrustante consiste uniquement en sulfate de chaux ;

2° Que ce sel ne commence à se déposer que lorsque l'eau est arrivée à un certain degré de concentration constant. Ce degré, dépendant évidemment de la proportion de chaux préexistante dans les eaux de mer, pourra varier avec l'origine de ces eaux ; mais pour celles de l'Océan et de la Méditerranée , sur nos côtes, il est le même : 12 à 13° de l'aréomètre de Beaumé, lorsque l'ébullition a lieu à l'air libre.

Procédé de l'évacuation. Il semble donc que, pour empêcher toute incrustation dans les chaudières alimentées à l'eau de mer, il suffirait de maintenir l'eau de la chaudière à une concentration inférieure à ce degré qui correspond à la saturation par rapport au sulfate de chaux. A quoi on parviendrait en *évacuant de l'eau de la chaudière, dans une proportion telle, relativement à la quantité d'eau injectée, que la quantité de sulfate de chaux extraite soit au moins égale à la quantité de sulfate introduite par l'alimentation.*

C'est-à-dire que P étant le poids de l'eau injectée, en un temps donné, p celui de l'eau évacuée dans le même temps ; n la proportion de chaux contenue dans l'eau d'alimentation, N la proportion analogue, pour l'eau concentrée jusqu'à saturation par rapport au sulfate de chaux ; il suffirait de faire $p > \dfrac{n}{N} P$.

Pour que ce principe soit applicable, il faut évidemment que $\dfrac{n}{N}$ soit une petite fraction. Cette condition se trouve assez bien remplie pour l'eau de mer ; car (note 2) en supposant toute la chaux à l'état de sulfate, ce qui est permis dans la question qui nous occupe, on trouve (tableau A) que l'eau de mer naturelle, ou à 3° de Beaumé, contient 0,097 p. 100 en sulfate de chaux ; et que cette même eau, amenée à saturation de sulfate par l'ébullition à l'air libre ; c'est-à dire de 12°,5 de Beaumé, contient 0,500 p. 100 en sulfate de chaux. On a donc dans ce cas $\dfrac{n}{N} = \dfrac{0{,}097}{0{,}500}$ ou $< \dfrac{1}{5}$.

Remarquons toutefois que (tableau B) N diminue rapidement à mesure qu'augmente la température ou la pression à laquelle l'ébullition s'opère. Elle conserve une valeur encore assez grande, pour l'ébullition sous pression de $1^{atm}{\cdot},25$ (109°) qui est le cas des chaudières à basse pression. Mais à partir des pressions de 2 à 3 atm. (121° et 135°), N prend des valeurs inférieures à n.

Quant aux eaux douces, le principe de *l'évacuation* ne saurait leur être applicable, parce que, d'une part, elles dissolvent très-peu de sulfate de chaux (moins de 0,003 p. 100 à froid), et que, d'un autre côté, elles contiennent toujours du carbonate de chaux contre lequel l'évacuation ne pourra rien.

Le procédé de *l'évacuation* n'est applicable qu'aux chaudières à basse pression alimentées à l'eau de mer.

Le procédé de *l'évacuation* est inapplicable aux eaux douces.

Il faut conclure de là que le principe de *l'évacuation*, est applicable seulement aux chaudières alimentées à l'eau de mer, et seulement encore à celles de ces chaudières qui fonctionnent à basse pression.

§ 2. — *Application aux chaudières navales à basse pression.*

Application de l'évacuation aux chaudières navales à basse pression.

Dans l'inégalité $p > \dfrac{n}{N}\,P$, nous ferons donc $N = 0,395$ correspondant à la pression de $1^{atm},25$ ou $109°$ de température et $n = 0,140$ qui correspond à la concentration de $4°$, supérieure à celle de l'eau de mer sur nos côtes et, *à fortiori*, à celle de l'eau alimentaire venant du condenseur. Et nous aurons $p > 0,35\,P$; soit $p = 0,5\,P$ afin d'avoir une marge, toujours nécessaire dans une application en grand.

Ainsi en évacuant $0,5$ pendant que l'alimentation est 1, il semble qu'on doive éviter l'incrustation.

Le procédé de l'évacuation n'est qu'un palliatif contre l'incrustation : il protége la surface de chauffe *indirecte*, mais non la surface *directe*.

Degré d'efficacité du procédé de l'évacuation. — Ce procédé est fondé sur un principe si nettement établi que, au premier abord, le succès en paraît entièrement assuré. Cependant il existe certains faits qui inspirent quelques doutes sur son efficacité complète. Ainsi, dans les steamers bien agencés, notamment les bateaux transatlantiques le *Great-Britain*, le *Royal-William*, l'*Asia*, le *Franklin*, le *Humboldt*, etc., les moteurs sont munis de pompes d'épuisement ou d'évacuation, et ces pompes ont une marche continue. Les steamers de la flotte française possèdent aussi des pommes d'évacuation, et, d'après les dimensions prescrites, ces appareils devraient extraire une quantité d'eau chaude égale à la moitié de l'eau injectée. Cependant, dans tous ces navires, les chaudières sont sujettes à des incrustations assez notables, sinon aussi abondantes que dans les steamers ordinaires du commerce.

Que cette évacuation, quoique continue, ne soit pas opérée exactement dans les conditions voulues pour prévenir la saturation ; cela n'est pas douteux ; attendu que les pompes, seuls appareils employés dans ce but, ne peuvent pas fonctionner avec la précision nécessaire dans cette circonstance, ainsi que nous le verrons plus loin. Il n'était pas moins de toute nécessité de soumettre le *procédé de l'évacuation* à l'épreuve d'expériences directes, faites dans les mêmes conditions où se trouvent les générateurs à basse pression.

Ces expériences, dont les détails sont indiqués dans la note n° 4, à la fin du Mémoire, prouvent que le *procédé de l'évacuation est d'une efficacité incomplète* : *il empêche l'incrustation de la surface de chauffe* INDIRECTE ; *mais il est impuissant pour protéger la surface de chauffe* DIRECTE (*).

Voici l'explication de ce fait important :

On a vu que, pour une pression ou une température d'ébullition donnée, le sulfate de chaux ne se dépose point tant que la concentration est inférieure à un certain degré correspondant. Le procédé de l'évacuation a pour but, et aura infailliblement pour effet, d'empêcher l'ensemble de l'eau de la chaudière d'atteindre cette concentration limite. Mais la chaleur étant très-vive sur les parois du foyer qui reçoivent le rayonnement du charbon et le contact de la flamme, la couche

Causes
de l'inefficacité
de l'évacuation.

(*) Suivant le langage généralement adopté par les constructeurs mécaniciens, j'appelle surface de chauffe *directe* les parties de la chaudière qui reçoivent le rayonnement du foyer et le contact de la flamme, et surface *indirecte* celles chauffées seulement par le contact de la fumée et des gaz de la combustion.

2.

d'eau qui mouille le métal en ces endroits dépassera la température correspondante à cette concentration limite, et déposera du sulfate. On conçoit en effet qu'il faille un certain temps pour que l'équilibre de température s'établisse dans une masse d'eau, parce que cet équilibre ne s'opère que par le transport des couches, la conductibilité de l'eau étant très-faible; et il peut arriver que ce temps soit trop long relativement à la vitesse de transmission du calorique à travers certaines parties de la surface de chauffe.

Le procédé de l'évacuation n'est donc qu'un palliatif contre l'incrustation des chaudières navales à basse pression; palliatif précieux, il est vrai; car, la surface *indirecte* n'étant pas incrustée, les gaz de la combustion peuvent se dépouiller à un point convenable de leur chaleur; d'où résultera la suppression presque entière de la perte de calorique due à l'incrustation, ainsi que le prouve la note n° 1.

Appareil d'évacuation. — Il n'est pas inutile de perfectionner, dans la pratique, ce procédé, quoiqu'il soit, en principe, incomplet dans son efficacité et borné dans ses applications.

Pour que ce procédé réussisse, il faut que l'évacuation d'eau chaude soit faite avec régularité et précision; car il s'agit de maintenir l'eau de la chaudière au-dessous d'un certain degré de concentration, passé lequel il y aurait dépôt de sulfate, et néanmoins assez près de ce degré pour ne pas augmenter inutilement la perte de chaleur.

L'appareil qui se présente d'abord à la pensée pour réaliser l'évacuation, consisterait en une pompe dont le mouvement, lié à celui de la pompe alimentaire, serait réglé de manière à extraire une quantité déterminée d'eau à chaque coup de piston. C'est en effet le moyen que j'ai essayé dans les expériences décrites dans la note n° 4 ; mais j'ai rencontré des inconvénients qui m'y ont fait renoncer et qui m'ont convaincu qu'une pompe, quel que soit son système, ne fonctionnera jamais dans cette circonstance avec la régularité et la précision nécessaires.

En effet, la chaudière la mieux entretenue contient toujours, outre les dépôts vaseux de magnésie, des impuretés provenant soit de l'eau elle-même, soit de l'action de cette eau sur le métal et sur les masticages des joints, etc. Ces dépôts et les autres impuretés sont entraînés en partie par l'eau d'évacuation et viennent obstruer le siége des soupapes, qui, alors, ne ferment plus suffisamment bien pour un jeu régulier de la pompe.

L'appareil que je propose et décris ci-après est à l'abri de cet inconvénient, et comporte toute la régularité et la précision désirables.

La partie principale de l'appareil est un robinet C (*fig.* 3 et 4, Pl. IV) laissant échapper l'eau de la chaudière, et qui, à cet effet, est ouvert et fermé par un mouvement intermittent régulier produit par la pompe alimentaire.

Les *fig.* 1 et 2, Pl. IV, représentent la moitié d'un moteur de steamer, composée d'une machine X, de deux corps de chaudière YY', et munie de l'appareil dont il s'agit. On a figuré aussi un système de *réfrigérateur* de Wilson.

L'eau chaude sort des deux corps de chaudière par les tubes *aa'* et entre dans le réfrigérateur par l'extrémité A, et en sort par l'autre bout B. Ce réfrigérateur contient quatre tuyaux extérieurs, dont deux reçoivent l'eau de la chaudière Y et la mènent au robinet C, et les deux autres reçoivent l'eau de la chaudière Y' et la mènent au robinet C'.

Le robinet C est mû par le levier E qui commande la pompe alimentaire D, à l'aide d'un segment F fixé sur ce levier et qui engrène avec un pignon G monté sur un arbre coudé H. Ce pignon est fou sur l'arbre, mais il agit par un cliquetage I sur un petit rochet K fixé sur cet arbre ; de sorte qu'à chaque mouvement ascendant de la tige de la pompe alimentaire, le rochet et par suite l'arbre tournent d'un certain angle. Cet arbre, par la manivelle L et la bielle M, communique son mouvement au levier N et par suite au robinet C. L'extrémité inférieure de la bielle porte une chappe *n* dans laquelle s'engage le bouton du levier N, et dont l'ouverture peut varier par l'effet d'un coussinet mobile qu'on fait monter ou descendre à l'aide de la vis de rappel O. On voit que cette chappe forme, pour le mouvement du robinet, ce qu'on appelle un *temps perdu*, qui sert à régler l'amplitude du mouvement du robinet pour chaque tour de l'arbre H.

L'eau évacuée se rend dans le vase P qui communique avec la vapeur de la chaudière par le tuyau Q ; en sorte que l'écoulement de cette eau, ayant lieu par le seul effet de la différence de niveau, laquelle ne varie pas sensiblement, donnera un volume constant pour chaque tour de l'arbre H. Le rapport voulu entre l'eau évacuée et l'eau alimentaire est ainsi obtenu.

Le vase P porte un tube de jauge U qui permet de mesurer au besoin le volume d'eau extrait à chaque tour de l'arbre H, et, par conséquent, de vérifier la régularité de la marche de l'évacuation.

Sitôt que le robinet C se ferme, le robinet R s'ouvre par l'effet des leviers ST, et laisse écouler l'eau dans la mer par l'effet de la pression de la vapeur agissant par le tuyau Q. Et dès que le robinet C se rouvre, R est déjà fermé.

Pour faire connaître la marche de l'évacuation, chaque corps de chaudière porte un *indicateur de densité* d'après le modèle de Seaward : c'est un tube en verre communiquant avec l'eau de la chaudière par ses deux extrémités : il porte deux boules de verre lestées, de manière à indiquer, l'une, une densité un peu plus forte, et l'autre, une densité un peu plus faible que la densité qu'on se propose pour limite. D'après la position de ces boules, on voit s'il convient d'augmenter ou de diminuer l'évacuation; et pour produire cet effet, il suffit de faire rentrer ou sortir la vis O, car ainsi on diminue ou on augmente le *temps perdu* du robinet C.

Les *fig.* 3 et 4 présentent, sous une échelle plus grande, les détails de l'appareil.

On voit qu'il y a deux appareils, un pour chaque corps de chaudière ou pour chaque pompe d'alimentation. Mais comme il doit toujours y avoir une pompe alimentaire de rechange δ, agissant selon les besoins sur l'un ou l'autre corps de chaudière, il faut que cette pompe δ puisse de même, selon les besoins, agir sur l'arbre H ou sur l'arbre H', c'est-à-dire sur le robinet C ou sur le robinet C'. A cet effet, le levier ε porte deux segments φ φ' agissant respectivement sur deux pignons γ γ', fous sur les arbres H H'. Ces deux pignons peuvent agir sur les rochets μ μ' à l'aide de cliquetages semblables à I; et l'on peut mettre au repos ces cliquetages en en appuyant la tête sur le petit bouton α. En sorte qu'on peut mener le robinet C soit par la pompe D, soit par la pompe de rechange δ, et le robinet C' soit par la pompe D', soit par ladite pompe de rechange δ.

§ 3. — *Effets de l'incrustation sur les chaudières à pression élevée.*

L'emploi de la vapeur à pression élevée sera pratiquement impossible pour les chaudières navales tant qu'on n'évitera pas les incrustations.

Les générateurs à moyenne et haute pressions ne pouvant trouver aucune ressource, dans le procédé de l'évacuation, pour diminuer les incrustations, examinons dans quel état ils se trouveraient au bout de quelques jours de mer.

Chaque mètre cube d'eau apportant dans la chaudière $1^k,5$ de sulfate de chaux, dont une bonne partie (au moins les deux tiers, soit 1 kilogramme), formerait concrétion ; si l'on tient compte de l'étendue ordinaire de la surface de chauffe, de la vitesse de vaporisation, et de la densité du sulfate ; on trouve que la croûte augmenterait d'épaisseur à raison de 0,015 de millimètre par heure (1). Soit donc un steamer transatlantique ; et supposons le cas le plus favorable, difficile, pour ne pas dire impossible, à réaliser, celui où la chaudière serait complétement décapée, au départ. La traversée étant de quinze jours ou de trois cent soixante heures, la croûte acquerra, pendant ce laps de temps, une épaisseur de $0,015 \times 360 = 5^{mm},4$, uniformément répartie, ou à peu près, sur les surfaces *directe* et *indi-*

(*) Soit un moteur de 450 chevaux. La surface de chauffe sera de 420 mètres quarrés. La vaporisation, à raison de 30 litres par heure et par cheval, sera $30 \times 450 = 13^{mc},5$ par heure. Le poids de la croûte formée par heure sera donc $13,5 \times 1^k = 13^k,5$. Supposant la densité de la croûte égale à 2, le volume de cette croûte sera $\dfrac{13,5}{2} = 6,75$ décimètres cubes. Cette croûte étant distribuée uniformément sur une surface de 420 mèt. quarrés, y formera donc une épaisseur de $\dfrac{0,00675}{420} = 0^m,000015$ ou 0,015 de millimètre.

recte; de sorte qu'après le quatorzième jour, l'épaisseur sera d'environ 5 millimètres.

Or, le navire pourra-t-il fournir encore vingt-quatre heures de marche avec des chaudières ainsi incrustées? Du moins, cela est-il possible, comme état normal de service? On ne peut hésiter à se prononcer pour la négative, quand on compare un tel état de choses à ce qui se passe actuellement dans les chaudières à basse pression.

Dans les générateurs actuels des steamers transatlantiques, on pratique une évacuation continue, à l'aide de pompes qui, malgré leur jeu défectueux et irrégulier, diminuent l'épaisseur des croûtes, principalement sur la surface de chauffe *indirecte :* cette partie de la surface de chauffe reste couverte d'une croûte de 1/2 millimètre au plus si l'on a soin, à chaque voyage, de nettoyer la chaudière en employant le marteau et des râcloirs. Quoique incrustée, cette partie de la surface conserve donc une conductibilité relativement considérable; elle participe notablement à la vaporisation, et la surface *directe* a d'autant moins à travailler. Par suite, le feu peut être moins intense, la détérioration des parois du foyer est moins rapide, et les chances d'accident sont moins nombreuses. Et cependant ces chaudières ne résistent que difficilement à une longue navigation; et très-souvent la vaporisation se trouve tellement ralentie vers le huitième ou neuvième jour qu'on est forcé d'arrêter la marche pendant une dizaine d'heures pour nettoyer les chaudières. Que serait-ce donc si la surface *indirecte* étant continuellement fortement incrustée, presque tout le travail de la vaporisation devait se faire sur la surface *directe*, à grand renfort de combustible et moyennant une excitation outrée du feu?

Il faut donc conclure que tant qu'on n'aura pas un moyen complétement efficace d'empêcher l'incrustation, il sera pratiquement impossible d'employer la vapeur à pression élevée dans la navigation maritime. Et l'on doit penser, d'après ce qui précède, que ce moyen ne peut être autre que celui qui consisterait à *alimenter les chaudières avec de l'eau exempte de sels calcaires en dissolution.*

Mais comment vaincre les difficultés qu'on rencontrera dans une usine, et surtout à bord d'un navire en mer, pour se procurer des quantités suffisantes d'une eau pareille? Il se présente trois moyens que j'examinerai successivement en faisant ressortir les avantages et les inconvénients attachés à chacun d'eux.

CHAPITRE V.

PRINCIPE DE L'ALIMENTATION MONHYDRIQUE.

Condenser la vapeur après qu'elle a agi dans le cylindre, de manière à ce qu'elle ne se mêle point à l'eau *condensante* qui est inévitablement calcaire, et alimenter le régénérateur uniquement avec cette eau de condensation : tel est l'un de ces moyens, que, pour abréger, je désignerai par le nom de *alimentation monhydrique*, parce qu'il consiste à alimenter avec une quantité *unique* d'eau.

L'application de ce principe exige l'emploi d'appareils appelés *condenseurs à surface*, qui ont pour but d'isoler la vapeur d'avec l'eau froide qui doit la condenser. Je vais faire sur ce genre de condenseurs une étude qui expliquera l'insuccès des tentatives faites jusqu'à présent pour les mettre en usage, et qui prouvera que l'application de l'*alimentation monhydrique* présente des obstacles insurmontables dans l'état actuel de nos ressources mécaniques.

§ 1. — *Condenseurs à surface.*

Les premiers essais de construction de ces appareils remontent jusqu'à Watt. Depuis, et à différentes époques, sont venues les tentatives de S. Hall, de Cavé, de John Ériccson et d'autres ingénieurs. Mais tous les essais ont échoué devant un obstacle : le ralentissement que la condensation éprouve dans tous ces appareils.

Nécessité d'une condensation instantanée. — A moins de subir une perte de force, il faut que la condensation de la vapeur soit instantanée. Cette condition se trouve remplie dans le *condenseur ordinaire*, où la vapeur est en contact immédiat avec l'eau froide, sur une grande surface dont on augmente l'étendue en faisant tomber cette eau en pluie dans le condenseur. Tandis que dans le condenseur à surface, la destruction de la vapeur est retardée par la difficulté que la chaleur éprouve à traverser le corps qui sépare la vapeur et l'eau condensante.

Cette perte de force augmente avec la durée du retard de la condensation. Comme il m'a paru utile de connaître la relation qui existe entre la perte de force motrice et la durée du retard, j'ai traité cette question dans la note n° 5.

Appliquons les formules obtenues :

Application. — Soit un moteur de 450 chevaux en deux machines de 225 chevaux chaque, marchant à 1^{atm},25, condensant à 30° et ayant une détente qui commence aux $\frac{2}{3}$ de la course.

Soit L, course du piston, $= 2^{m},28$.

On a :

$$E = \tfrac{2}{3}\,L\ 1^{m},52\ ;\ \text{soit}\ m = 2\ ;$$
$$\pi = 950\ \text{millimètres de mercure}\ ;$$
$$P = \tfrac{2}{3}\pi = 634\ \text{millimètres de mercure}\ ;$$
$$p = 31\ \text{millimètres}\ ;$$

et le travail utilisé est ici $T_u = 225$ chevaux.

La formule (2) donne $\dfrac{T_r^{\,o}}{T_u} = 0{,}058$ ou $T_r^{\,o} = 13$ chev.

Ainsi un *condenseur ordinaire* oppose une résistance dont le travail est les 0,058 du travail utilisé.

La formule (4) donne $\dfrac{T_r - T_r^{\,o}}{T_u^{\,o}} = 3{,}07\,n.$

Ce coefficient 3,07 étant considérable, on voit que si n n'est pas une petite fraction, l'augmentation de travail résistant due au retard sera considérable. Si l'on fait par exemple $n = 1$, c'est-à-dire si la condensation emploie à se faire tout le temps que dure la course du piston, — à l'ascension ou à la descente, — l'augmentation de travail due au retard sera plus que le triple du travail qui aurait lieu s'il n'y avait pas de retard : dans le cas particulier que nous considérons, cette augmentation serait de 53 chevaux ou des 0,24 du travail moteur utilisé.

On comprend, d'après cela, combien il importe pour le succès d'un *condenseur à surface* de réduire le temps, pendant lequel se fait la condensation, à une faible fraction du temps compris entre deux coups de piston simples.

§ 2. — *Causes du retard de la condensation dans les condenseurs à surface.*

Il faut donc chercher les causes du retard de la condensation, afin de voir si l'on peut les détruire ou diminuer leur influence.

Évidemment, ces causes se résument dans la difficulté que la chaleur éprouve à traverser le corps qui sépare l'eau condensante et la vapeur, et ne sont autre chose que les circonstances qui accompagnent le phénomène de la propagation du calorique à travers ce corps.

La vitesse de transmission du calorique est exprimée par la formule

$$V = Sk \frac{a-b}{e} \qquad (1)$$

dans laquelle S est l'étendue de chacune des faces du condenseur, celle baignée par l'eau froide et celle au contact de la vapeur ; K le coefficient de conductibilité du corps ; e l'épaisseur du corps ; a et b les températures respectives des deux faces.

Mais si l'une des faces est recouverte d'une croûte d'épaisseur ε d'une substance qui ait K′ pour conductibilité, la quantité V′ de chaleur qui passera dans l'unité de temps sera

$$V' = SK \frac{a-b}{e + \frac{K}{K'}\varepsilon} \quad (\textit{voir} \text{ la note n° 1}). \qquad (2)$$

et on aura le rapport

$$\frac{V'}{V} = \frac{1}{1 + \frac{K}{K'}\frac{\varepsilon}{e}}. \qquad (3)$$

Ainsi V′ est proportionnel à la conductibilité K et en raison inverse de la quantité $e + \frac{K}{K'}\varepsilon$ relative aux épaisseurs du métal et de la croûte. Or le fer et le cuivre sont les seuls métaux qu'on puisse, pratiquement et avec le plus d'avantage, employer pour les *conducteurs à surface* : mettons-nous donc dans cette hypothèse.

Épaisseur du métal. — Les eaux, surtout l'eau de mer, ayant une action corrosive, assez forte sur le fer, moins vive mais néanmoins notable sur le cuivre, ces métaux s'amincissent graduellement ; d'où résulte la nécessité de leur donner une certaine épaisseur qui ne saurait être moindre que 5 millimètres pour le fer et 2 millimètres pour le cuivre.

Conductibilité du métal. — Ces métaux sont bons conducteurs ; mais plusieurs circonstances inhérentes au *condenseur à surface* concourent à leur ôter cette propriété :

1° La face du condenseur en contact avec la vapeur est toujours couverte d'une couche d'eau, lors même que la surface est verticale ; et quoique, dans ce cas, cette couche soit très-mince, elle diminue considérablement la conductibilité. La face mouillée par l'eau condensante est elle-même recouverte d'une couche très-mince qui se renouvelle très-difficilement à cause du frottement, quelle que soit la vitesse du courant d'eau froide. Or on sait, d'après des expériences de MM. Thomas et Laurent, que la conductibilité du cuivre qui est de 19,11 est réduite à 1,22 lorsqu'on ne renouvelle point les couches du liquide qui mouille la surface de transmission.

2° La face au contact de la vapeur se couvre promptement d'une couche d'oxyde ; dans le cas du fer cette croûte est très-adhérente, se développe toujours sous l'influence qui la produit, et ne tarde pas à atteindre des épaisseurs de plus de 1 millimètre : dans le cas du cuivre, la croûte se forme moins vite et, une fois formée, elle protége le métal contre une action ultérieure ; mais on peut bien sans exagération, la supposer de 0,1 de millimètre.

Lorsque la condensation est faite au moyen d'eau de

mer, l'autre face du condenseur reste décapée, parce
que l'oxyde qui s'y forme est dissous par l'eau de mer.
Mais si l'on se servait d'eau douce, cette face se trouve-
rait également encrassée, et contribuerait à retarder
encore plus la condensation. Dans ce cas, la vitesse de
transmission du calorique serait :

$$V'' = SK . \frac{a-b}{1 + \dfrac{K}{\gamma}\dfrac{\eta}{e} + \dfrac{K}{K'}\dfrac{\varepsilon}{e}} \qquad (*) \qquad (4)$$

et l'on aurait le rapport

$$\frac{V''}{V} = \frac{1}{1 + \dfrac{K}{\gamma}\dfrac{\eta}{e} + \dfrac{K}{K'}\dfrac{\varepsilon}{e}}. \qquad (5)$$

Appliquons les formules (3) et (5) à des *condenseurs
à surface* en fer ou en cuivre, et ayant les épaisseurs
reconnues plus haut nécessaires, nous aurons
pour le fer :

$$e = 5 ; \quad \varepsilon = 1 ; \quad K = 574 ; \quad K' = 23 ; \quad \gamma = 23 ; \quad \eta = 1 ;$$

et il vient

$$\frac{V'}{V} = 0,24 \qquad \text{et} \qquad \frac{V''}{V} = 0,13 ;$$

C'est-à-dire que la vitesse de transmission est réduite,
par l'effet de l'oxydation, aux 0,25 dans le cas de l'eau
de mer et aux 0,13 dans le cas de l'eau douce.
Pour le cuivre :

$$e = 2 ; \quad K = 898 ; \quad K' = \gamma = 23 ; \quad \varepsilon = 0,1 ; \quad \eta = 1 ;$$

et il vient

$$\frac{V'}{V} = 0,33 \qquad \text{et} \qquad \frac{V''}{V} = 0,24.$$

3° La vapeur en sortant du cylindre entraîne une
petite partie du suif dont on lubrifie le piston. Ce corps
gras forme avec l'oxyde métallique et avec les particules

4° L'encrasse-
ment des surfaces
produit par la
graisse venant du
cylindre.

terreuses que la vapeur amène de la chaudière, une croûte onctueuse très-peu conductrice qui prend bientôt une épaisseur considérable et qui alors empêche entièrement la condensation. Cet encrassement du condenseur par le suif est un grand écueil pour les *appareils à surface* : de toutes les causes qui influent sur le retard de la condensation c'est la plus funeste ; et l'on peut affirmer qu'elle frappera d'impuissance tout appareil de ce genre dans lequel on n'aura pu en détruire les effets.

Conditions auxquelles devrait satisfaire, pour réussir, un condenseur à surface.

Par l'analyse qui précède on voit que pour assurer le succès d'un *condenseur à surface*, il faudrait le faire en un métal inattaquable par l'eau de mer, inoxydable dans l'eau douce et dans l'air humide, d'une grande conductibilité pour la chaleur, et résistant sous une faible épaisseur ; il faudrait lui donner une très-grande surface de transmission sous un petit volume de l'appareil ; enfin il faudrait posséder un moyen de détruire de temps en temps, sur la surface de transmission l'encrassement que le suif y produit.

Il ne serait sans doute pas impossible de satisfaire à quelques-unes de ces conditions ; mais il en est de très-essentielles qu'il me paraît difficile de remplir dans l'état actuel de nos ressources mécaniques. Aussi ai-je pensé qu'il faut chercher ailleurs que dans le principe de l'alimentation monhydrique le moyen d'arriver au but proposé.

CHAPITRE VI.

PRINCIPE DE LA CONDENSATION MONHYDRIQUE.

Condensation monhydrique.

Le moyen que nous venons d'examiner peut être modifié de manière à éviter les inconvénients qui, comme nous l'avons vu, le rendent inapplicable. Ces inconvénients résident dans l'emploi du condenseur à surface,

et cesseraient si l'on pouvait se servir d'un condenseur
ordinaire où la vapeur et l'eau condensante seraient
mises en contact immédiat. Il faut donc injecter dans
le condenseur de l'eau condensante qui soit, elle-
même, exempte de sels calcaires ; et, à cet effet, se
servir d'une quantité d'eau *unique* et toujours la
même : à chaque coup de piston, une portion de cette
eau sera introduite dans le condenseur ; et l'eau chaude,
extraite en même temps par la pompe à eau et à air,
sera portée dans un réfrigérant où elle prendra une
température assez basse pour redevenir apte à condenser de nouveau.

Le principe que nous indiquons ici étant caractérisé
par l'emploi d'une seule et même quantité d'eau pour la
condensation, je le désignerai, pour abréger, sous le
nom de condensation monhydrique.

Toute la difficulté consistera à refroidir l'eau condensante à un degré assez bas et en quantité suffisante
pour les besoins du condenseur : et il faudra employer
généralement, pour cet effet, une grande quantité d'eau
froide et des réfrigérants à surfaces très-étendues et
très-conductrices.

Or, d'une part, l'eau qu'il s'agit de refroidir, venant
du condenseur, sera chargée de graisse qui encrassera
la face de transmission. En second lieu, l'eau réfrigérante, si elle est puisée dans une rivière ou dans un
puits, contiendra du carbonate de chaux qui encroûtera
plus ou moins la face réfrigérante. L'appareil devra
donc avoir une disposition qui permette de décaper
de temps en temps ces deux faces.

Spécification de l'appareil. — On peut concevoir diverses manières de remplir les conditions sus énoncées.
La suivante, qui peut être appliquée soit aux machines

fixes, soit à celles des steamers, me paraît mériter la préférence.

Une pompe (ce sera la *pompe à eau et à air* de la machine ou toute autre) élèvera l'eau extraite du condenseur jusqu'à un réservoir placé à une hauteur de quelques mètres, et au-dessous duquel est posé un *réfrigérant* composé de tubes en cuivre, verticaux enveloppés dans une caisse cylindrique aussi en cuivre.

L'eau chaude descend de ce réservoir dans les tubes, qui sont plongés dans de l'eau froide sans cesse renouvelée par un courant dirigé de bas en haut et imprimé à l'aide soit d'une chute d'eau, soit de pompes, soit d'hélices, etc.

Pour détruire l'encrassement de la surface intérieure des tubes, lequel sera produit par la graisse, on introduit de temps en temps dans ces tubes une dissolution alcaline concentrée et bouillante qui dissoudra le corps gras.

Le nettoyage de la surface extérieure des tubes est fait par un procédé analogue, en introduisant, dans la capacité où se meut l'eau réfrigérante, une dissolution faible d'acide chlorhydrique qui dissoudra le carbonate.

Par l'effet d'un système de robinets convenablement disposés, ces deux opérations sont effectuées promptement, sans travail, sans arrêter la machine et même sans altérer en rien son régime. Pour cela, les tubes, au lieu d'être contenus dans une seule et même caisse, sont divisés en plusieurs groupes, enveloppés, chacun, d'une caisse; et l'on s'arrange de manière qu'il y ait en *surnombre* ou *rechange* une de ces caisses avec ses tubes. L'une quelconque de ces caisses peut être mise au repos pendant que les autres fonctionnent, et peut par conséquent être nettoyée, comme nous venons de le dire, ou subir toute autre réparation.

Pour éclaircir la spécification ci-dessus , je décrirai ici un de ces appareils adapté au moteur d'un steamer.

Pl. IV. *Fig.* 5. Coupe du navire , en travers de la salle des machines.

Fig. 6. Coupe horizontale des machines et des réfrigérants.

Fig. 7. Vue en élévation du réfrigérant de l'une des machines.

Fig. 8. Vue horizontale de ce réfrigérant, avec coupe d'une des caisses et d'une des hélices.

$A^1 A^2 A^3 A^4 A^5$ sont des caisses cylindriques en cuivre, portant à chaque extrémité une plaque à tubes et terminées en haut et en bas par une calotte sphérique. Elles contiennent un grand nombre de tubes en cuivre soudés aux deux plaques. Elles sont posées verticalement le long de la machine.

B réservoir recevant l'eau chaude extraite du condenseur ; et la distribuant dans les calottes sphériques supérieures et par conséquent dans les tubes des caisses à l'aide du tuyau horizontal D et des robinets $f^1 f^2 f^3 f^4 f^5$.

En descendant l'eau se refroidit et s'écoule dans les calottes sphériques inférieures, d'où un tuyau horizontal E à robinets, la conduit, par la branche G, dans le condenseur H ; et cet écoulement est réglé selon les besoins du condenseur par un robinet placé sur cette branche.

Le courant ascendant d'eau réfrigérante est produit ici par des hélices $I^1 I^2 I^3 I^4$ mues par l'arbre moteur de la machine : l'eau est aspirée dans la mer par les tuyaux inférieurs K et rejetée dans la mer par les tuyaux supérieurs L ; et comme les hélices et les tuyaux sont au-dessous de la ligne de flottaison X, le courant se fera par un simple déplacement d'eau horizontal.

3.

L'aspiration des hélices s'opère par les branches $N^1 N^2 N^3 N^4$ qui agissent sur toutes les caisses ensemble. Cette communication peut être interrompue pour chaque caisse par des soupapes à manivelle $O^1 O^2 O^3 O^4 O^5$. De même la prise d'eau dans la mer peut être interrompue pour chaque caisse, par les soupapes à manivelle $P^1 P^2 P^3 P^4 P^5$. Le but de ces soupapes supérieures et inférieures est d'interrompre le travail dans l'une quelconque des caisses, sans arrêter celui des autres, lorsqu'il faut réparer cette caisse ou en nettoyer les tubes.

Nettoyage des tubes à l'intérieur. Supposons qu'il s'agisse de la caisse A^1 par exemple :

On isole la caisse d'avec le condenseur et d'avec le réservoir en formant les robinets $e^1 f^1$.

On expulse l'eau actuellement contenue dans les tubes, en ouvrant le robinet g^1 qui amène de la vapeur de la chaudière par le tuyau Q, et en ouvrant le robinet h^1 qui ramène cette eau par le tuyau R au réservoir B.

Lorsque toute cette eau est expulsée (ce dont on est averti par la sortie de la vapeur à l'extrémité du tuyau qui débouche au-dessus du réservoir B) on ferme le robinet J et le robinet g^1, puis on ouvre le robinet l placé sur une seconde branche du tuyau R, laquelle communique avec un récipient contenant la dissolution alcaline. Aussitôt cette dissolution se précipitera dans l'intérieur des tubes et montera jusqu'à sortir par le petit robinet r^1 placé à la calotte sphérique d'en haut.

Dans la plupart des cas, le contact de la dissolution à froid suffira pour dissoudre le corps gras qui encrasse les tubes ; mais, s'il était nécessaire d'employer cette dissolution à chaud, on agirait comme il suit :

Avant de faire la manipulation ci-dessus, on expulse l'eau réfrigérante de la caisse. Pour cela, on ferme la soupape o^1. On ouvre le robinet m' qui amène de la vapeur, laquelle refoulera dans la mer l'eau réfrigérante par le tuyau k^1. Lorsque le niveau de cette eau sera descendu jusqu'au bas des tubes (ce qui aura lieu lorsque le robinet n^1 donnera de la vapeur), on ferme la soupape P^1. On laissera ainsi pendant quelques minutes arriver la vapeur par le robinet m^1, et pendant ce temps on introduira la dissolution alcaline dans les tubes par la manipulation ci-dessus décrite. Cette dissolution ne tardera pas à bouillir au contact de la vapeur.

Au bout de quelques minutes de contact de la dissolution alcaline, le nettoyage est terminé. On ramène la dissolution dans son récipient, en rouvrant les robinets g^1 l; lorsqu'on entend la vapeur gargouiller dans ce récipient, c'est signe que toute la dissolution est retournée dans le récipient. Alors on ferme les robinets l h^1 g^1 m^1 n^1; et l'on peut ensuite faire fonctionner cette partie de l'appareil.

Nettoyage des tubes à l'extérieur. — Dans les steamers de la navigation maritime, cette opération est inutile, parce que l'eau de mer corrode légèrement le cuivre et le tient toujours décapé. Mais dans le cas où, le réfrigérant fonctionnant avec de l'eau douce, les tubes seraient encroûtés de carbonate de chaux, on les nettoierait comme il suit :

On fait usage du tuyau S dont la branche verticale se rend dans un récipient contenant une dissolution faible d'acide chlorhydrique, et dont la branche horizontale peut amener cette dissolution dans chacune des caisses par les robinets p^1 p^2 p^3 p^4 p^5.

Supposant qu'il s'agisse toujours de la caisse A^1 on commence par expulser l'eau réfrigérante, comme on l'a dit ci-dessus. En ouvrant ensuite le robinet p^1 la dissolution s'introduira dans la caisse. On aura soin de tenir ouvert le robinet q^1 pour laisser dégager le gaz acide carbonique.

Pour ramener ensuite la dissolution dans son récipient, on ferme le robinet q^1, on ouvre m^1; et lorsque la vapeur débouche dans le récipient, on ferme p^1, etc.

CHAPITRE VII.

PRINCIPE DE L'ALIMENTATION A L'EAU SURCHAUFFÉE.

L'eau est dépouillée de ses sels calcaires par l'ébullition à 150°.

Nous avons prouvé, chap. III, § 2; que le sulfate de chaux est tout à fait insoluble dans l'eau, soit douce, soit de mer, à une température de 150°; que la partie de carbonate de chaux, retenue en dissolution après l'expulsion de l'acide carbonique en excès, se précipite également en entier à cette température. Ces précipités s'offrent — à l'état de cristaux microscopiques, — dont la majeure partie tombe au fond du vase, le reste formant incrustation sur les parois.

Surchauffeur.

Si donc, avant d'introduire l'eau dans le générateur, on l'expose pendant quelques instants à l'ébullition sous une pression de 5 atmosphères (correspondant à 150° de température) dans un vase spécial (que j'appellerai *surchauffeur*), et qu'on filtre cette eau pour la séparer du précipité; elle sera dépouillée de toute sa chaux, et ne sera plus apte à incruster.

Le filtrage est inutile dans les steamers fonctionnant à une pression de 4 à 5 atmosphères.

Remarquons que l'opération du filtrage sera inutile dans les cas qui réuniront les conditions suivantes : 1° Lorsque l'eau pourra passer du *surchauffeur* dans le générateur au fur et à mesure que l'alimentation se fera; 2° lorsque l'eau conservera dans le générateur à peu près la même température qu'elle a dans le *surchauffeur;* ce qui aura lieu pour les générateurs qui fonctionnent sans intermittence (comme les steamers) et qui marchent à une pression de 4 à 5 atmosphères. Il arrive, en effet, dans ces cas, que l'eau, ne pouvant pas redissoudre le précipité, peut rester au contact de ce précipité sans redevenir incrustante.

J'en conclus que pour appliquer le principe dont il s'agit, avec toute la simplicité possible, à la navigation, il faudra adopter des machines fonctionnant à haute pression, soit à 4 ou 5 atmosphères. Cette conséquence est d'autant plus acceptable qu'elle concourt à augmenter la puissance de la vapeur, en étendant le champ de la détente.

Mais, pour les générateurs qui ont une marche interrompue par de longs repos (comme dans presque toutes les machines fixes qui ne fonctionnent que 12 à 15 heures sur 24), le filtrage sera nécessaire. Il le sera également pour les machines qui marchent à basse ou à moyenne pression, ainsi que pour les locomotives, parce qu'elles ne peuvent pas puiser directement l'eau d'alimentation dans le *surchauffeur* : dans ces divers cas, l'eau descend, avant d'entrer dans le générateur ou après son entrée dans le générateur, à une température qui permet la redissolution du précipité calcaire. Toutefois la nécessité du filtrage n'est absolue que pour les locomotives : nous verrons plus loin comment on peut s'en passer dans les machines fixes à haute et moyenne pression, et à travail intermittent.

Pendant le *surchauffement* de l'eau, celle-ci, quelle que soit sa nature, dégagera de l'air et de l'acide carbonique auxquels il faudra donner une issue. Il s'échappera en même temps par cette issue de la vapeur qu'il convient d'utiliser. A cet effet, le *surchauffeur* devra porter une soupape chargée d'un poids qui en permette le soulèvement à la pression de 5 à 5 1/2 atmosphères; et cette soupape s'ouvrira dans un tuyau conduisant les gaz et la vapeur dans la chambre de vapeur des chaudières génératrices.

La surface de chauffe du *sur-chauffeur* doit être au moins les 0,28 de celle du générateur.

L'eau devant être portée à 150° dans le *surchauffeur*, y acquerra 140°, en supposant qu'elle ait 10° de température initiale. Le générateur n'aura donc à lui transmettre que $640 — 140 = 500$ unités de chaleur. De là résulte un rapport obligé entre les surfaces de chauffe du *surchauffeur* et du générateur. Ce rapport sera de $\dfrac{140}{500} = 0,28$; chiffre qu'il faut prendre comme un *minimum*; car le *surchauffeur* sera sujet à incrustation, tandis que le générateur en sera garanti.

Le surchauffeur est sujet à incrustation.

On voit que le principe de l'alimentation à l'eau surchauffée ne supprime pas absolument les effets de l'incrustation; puisqu'ils subsistent pour le *surchauffeur* lui-même qui entre dans la surface de chauffe totale pour 0,28 sur 1,28 ou pour 22 sur 100. Mais en mettant à profit un fait d'expérience qui a été observé d'abord dans la chaudière inventée par M. Spiller, et plus

Moyen de diminuer l'incrustation dans le sur-chauffeur.

tard dans celle de M. Arnier, on peut construire le *surchauffeur* de manière à réduire à peu de chose les effets de l'incrustation. Ce fait consiste en ce que, si, dans une chaudière, on dispose au-dessus du foyer des tubes de petit diamètre, communiquant par un bout avec l'eau du fond de la chaudière, et par l'autre avec l'eau d'en haut, ces tubes ne s'incrustent point et restent parfaitement décapés (*).

(*) Ce fait s'explique par les propriétés que nous avons reconnues au sulfate de chaux : il s'établit dans ces tubes un courant rapide d'eau, laquelle, passant ainsi en petite masse sous l'action du foyer, acquiert presque subitement, en cet endroit, une haute température qui précipite des sels calcaires à l'état de sulfate; et le frottement causé par l'eau et surtout par ce précipité cristallin et anguleux qu'elle entraîne, nettoie les surfaces et en détache incessamment les particules qui tendraient à s'y fixer.

Appareils surchauffeurs. — D'après ce qui précède, je suis conduit à proposer pour *surchauffeur* l'appareil suivant, que je décrirai, afin de préciser, comme s'il devait être appliqué à un générateur de steamer, mais qui convient également à toutes sortes de machines, fixes ou locomotives.

1° *Surchauffeur pour les steamers* (Pl. IV, *fig.* 9, 10).

A est un cylindre en tôle, terminé par deux faces planes, enveloppant tout l'appareil et contenant l'eau qui doit être surchauffée.

B est un autre cylindre, rivé aux deux faces planes du cylindre A, se raccordant sur l'avant à une caisse C à faces planes, laquelle forme l'enveloppe du foyer et du cendrier. Ce cylindre B conduit la fumée jusqu'à l'arrière, d'où elle passe dans deux tuyaux D D' qui la ramènent à l'avant; puis elle retourne à l'arrière par deux autres tuyaux E E' qui la jettent dans la cheminée F. Ce cylindre B et les tuyaux DD', EE' étant rivés aux deux faces du cylindre A, renforcent ces faces contre la pression intérieure, et sont d'un nettoyage facile.

Dans le cylindre B se trouvent des tubes *a* en cuivre, fixés d'un bout à une caisse *b* reposant par des oreillons *c* sur deux glissières ou supports *d* fixées sur la caisse du foyer. L'autre bout de ces tubes est fixé à une autre caisse *e* rivée sur la face d'arrière du cylindre A. Cette caisse *e* est divisée en deux compartiments égaux *g h* dont l'un, l'inférieur, communique avec le fond de la chaudière par le tuyau *f;* et l'autre, le supérieur *h,* communique, en traversant le cylindre B, avec le haut de la chaudière.

Ces tubes *a* recevant le rayonnement du foyer et le contact de la flamme, transmettront rapidement une grande quantité de calorique à l'eau qu'ils contiennent, et qui, par là même, devenant moins dense, tendra à s'élever. Il s'ensuivra un courant continu d'eau partant du fond par le tuyau *f*, et parcourant le compartiment *g*, les tubes qui débouchent dans ce compartiment, puis la caisse *b*, les tubes qui débouchent dans le compartiment *h;* et de là se rendant dans la chaudière A, où il se rabat sur les flancs du cylindre B.

Par ce mouvement, l'eau sera renouvelée rapidement au contact de ces surfaces chaudes et portée très-vite à la température voulue de 15o".

Après avoir séjourné quelque temps dans le *surchauffeur*, l'eau se rend dans les générateurs en passant par le tuyau K, dont l'extrémité ne plonge que de quelques centimètres au-dessous du niveau. Et l'eau froide est injectée dans le *surchauffeur* par le tuyau *i*, à l'aide de la pompe alimentaire.

Le précipité calcaire, qui consiste en cristaux assez lourds de sulfate et de carbonate, est entraîné dans les tubes parce que le mouvement de l'eau y est rapide ; mais en débouchant au haut de la chaudière en *l*, ils retombent à peu près verticalement et s'entassent au fond : en sorte que le tuyau K, placé à l'autre extrémité et en haut, n'aspirera que de très-faibles quantités de ce précipité. D'ailleurs, comme nous l'avons dit plus haut, cette petite quantité de précipité ne se redissoudra pas si les générateurs fonctionnent entre 4 et 5 atmosphères.

G est un dôme pour recevoir les gaz dégagés par l'eau, jusqu'à ce que leur tension soit assez forte pour soulever la soupape J qui les laisse échapper, par les tuyaux *m n* dans les chambres à vapeur des chaudières génératrices.

On voit que le *surchauffeur* que je propose présente la disposition qui caractérise la chaudière de Spiller et celle d'Arnier. Cette disposition étant très-favorable à la production rapide de la vapeur, on ne peut qu'en recommander l'adoption pour les générateurs des steamers et des machines fixes.

Supposant donc qu'on adopte ce genre de chaudières pour un steamer, le système de la vaporisation devra se composer de deux corps de chaudière égaux du même type que le *surchauffeur* ci-dessus décrit, et d'un troisième corps semblable faisant fonction de *surchauffeur*. Ce troisième corps doit avoir au moins les 0,22 de la surface de chauffe totale. Cette condition permettrait de lui donner des dimensions inférieures à celles des autres corps de chaudière. Mais il vaut mieux faire les trois corps égaux ; parce qu'ainsi le *surchauffeur* ayant une surface de chauffe plus grande d'un tiers que celle qui serait nécessaire, le feu pourra y être beaucoup moins vif ; et, par suite, l'incrustation de la caisse du foyer et des autres parties des carneaux n'aura qu'une faible influence sur l'utilisation du combustible et ne créera aucune chance appréciable d'explosion.

2° *Surchauffeur pour les machines fixes.* — L'appareil que je viens de décrire n'a besoin que d'une addition pour être applicable aux machines dont le travail n'est pas continu ou qui fonctionnent à basse ou à moyenne pression : cette addition a pour but de filtrer l'eau à la sortie du *surchauffeur* et avant son entrée dans le générateur.

Le filtre imaginé par M. de Fonvielle fournit le moyen d'exécuter cette opération.

La *fig.* 11 de la Pl. IV présente une coupe de l'appareil de filtrage.

H est un cylindre en tôle terminé par deux calottes sphériques, dont l'une L formant couvercle est boulonnée et porte un tuyau à robinet *o* pour la sortie de l'eau filtrée. L'autre calotte a aussi un tuyau à robinet p pour expulser de temps en temps la vase accumulée sous le filtre.

M est un cylindre ouvert par les deux bouts, d'un diamètre un peu plus petit que celui du cylindre H et reposant sur une couronne q fixée sur le cylindre H et formant, avec cette couronne et une tresse en chanvre interposée, un joint étanche. Ce cylindre porte la matière filtrante consistant en une couche de sable s et une couche r formée de rognures d'éponge. Ces deux couches sont comprises et maintenues entre trois plateaux percés d'un très-grand nombre de petits trous, et cela, au moyen d'un boulon t, qui assujettit tout le système du filtre à la calotte inférieure. Cette disposition permet de démonter facilement le filtre pour les réparations ou les nettoyages.

Le tuyau u communique avec l'eau du *surchauffeur* à quelques centimètres au-dessous du niveau, et amène cette eau au-dessous du filtre par le robinet v.

Le robinet x, qui peut amener cette eau au-dessus du filtre, a pour but de nettoyer le filtre par le procédé indiqué par M. de Fonvielle, et qui consiste à diriger le courant d'eau successivement au-dessous et au-dessus du filtre par le jeu alternatif et rapide des robinets v et x, et à produire ainsi des chocs qui rouvrent les pores du filtre.

Il existera, par chaque *surchauffeur*, au moins deux filtres dont un de rechange ; et ils seront placés soit sur le surchauffeur, soit dans un autre endroit plus à portée pour les nettoyages et les réparations. La surface filtrante devra être proportionnée à la quantité d'eau à débiter par le filtre. On sait à cet égard, d'après le rapport fait à l'Académie des sciences par M. Arago sur le *filtre Fonvielle*, que 1 mètre carré de surface filtrante, sous une différence de pression de $1^{at}.,6$, fournit plus de 2 mètres cubes d'eau par heure. Ici le débit sera beaucoup plus considérable ; car la différence de pression sera plus grande, et les impuretés de l'eau moins encrassantes, parce qu'elles seront coagulées et rassemblées par l'ébullition.

L'emploi du filtre serait le moyen le plus sûr d'éviter l'incrustation dans les machines fixes à travail intermittent, et il est indispensable pour celles de ces machines qui fonctionnent à basse pression. Mais on peut, à la rigueur, s'en passer dans les machines fixes à haute pression, et même dans celles à moyenne pression.

En effet, le sulfate de chaux, lorsqu'il vient d'être précipité à une haute température est déshydraté, peut-être complétement et au moins en grande partie, et dans cet état il se redissout difficilement, même à la température ordinaire, et *à fortiori*, à une température de 120 à 130°. Si donc on s'arrange pour que du soir au lendemain matin la température de la chaudière ne s'abaisse pas de plus d'une dizaine de degrés (de 130 à 120°, dans le cas d'une chaudière à moyenne pression), l'eau ne redissoudra pas sensiblement de précipité. Or on pourra facilement restreindre dans ces limites, ou à peu près, le refroidissement de la chaudière, en interceptant tout courant d'air dans les carneaux.

Un moyen plus sûr d'éviter tout inconvénient qui pourrait résulter de la redissolution du précipité, consisterait à vider chaque matin l'eau de la chaudière et la faire repasser dans le *surchauffeur*. Pour cela on commencerait par allumer le feu sous le *surchauffeur* seul : lorsque l'eau y serait à 150° on ouvrirait le robinet qui amène cette eau à la partie supérieure de la chaudière, et en même temps un autre robinet posé sur un tuyau qui ferait communiquer le fond de la chaudière avec un récipient. Il est évident que l'eau qui a passé la nuit dans la chaudière étant moins chaude s'écoulera dans ce récipient, et sera remplacée par de l'eau venant à l'instant du *surchauffeur*.

Surchauffeur pour les locomotives.

3° *Surchauffeur pour les locomotives.* — Dans les chemins de fer, l'eau d'alimentation est fournie par réservoirs placés sur différents points de la ligne, et reçue dans un tender où la pompe alimentaire la puise, pendant la marche, pour l'injecter dans la chaudière de la locomotive. Généralement, l'eau est élevée dans ces réservoirs par une machine à vapeur établie *ad hoc*.

A ce matériel déjà existant, il faudra ajouter, sur chacun de ces points de la ligne, un *surchauffeur* avec filtre, comme nous venons de le décrire, et en outre un *réfrigérant* destiné à faire passer dans l'eau froide, qui se rend sur le *surchauffeur*, l'excès de chaleur que possède l'eau sortant du filtre, afin de ne point perdre de calorique. On pourrait appliquer ici avec avantage le réfrigérant que j'ai décrit plus haut à propos du procédé de la condensation *monhydrique*. Par ce moyen, on pourra faire arriver dans le réservoir l'eau filtrée, avec une température qui sera à peu près la moyenne entre 150 et 10°; soit 85°. La déperdition du calorique due au séjour dans le réservoir sera faible, si l'on a soin d'établir ce réservoir au-dessus du fourneau *du surchauffeur* ou de la machine à vapeur. Ainsi le tender recevra de l'eau à environ 80°; et il sera facile de faire la caisse à eau du tender, de manière qu'elle ne laisse perdre que peu de chaleur, soit 10° au plus. On peut donc espérer que l'eau arrivera dans la locomotive avec une température d'au moins 70°, et n'ayant subi qu'une perte qui n'excédera pas 15° ou $\dfrac{15}{640}$ ou $\dfrac{1}{42}$ de la chaleur utilisée.

CHAPITRE VIII.

Les machines à condensation pouvant employer l'un ou l'autre des deux moyens que nous venons de décrire et qui sont fondés sur deux principes différents, savoir : la *condensation monhydrique* et l'*alimentation à l'eau surchauffée ;* il est utile de rechercher lequel de ces moyens est préférable.

La *condensation monhydrique* a le grand avantage d'injecter dans le condenseur de l'eau purgée de tout gaz. L'eau ordinaire contient environ vingt fois son volume d'air ; et ce gaz se dégageant en grande partie dans le condenseur tend à y diminuer le vide : on est donc obligé de donner de grandes dimensions à la pompe à eau et à air (en général, son diamètre est le 1/4 ou le 1/5 de celui du cylindre moteur). La *condensation monhydrique* permettrait de réduire considérablement ces dimensions et de diminuer en conséquence le travail perdu de la machine.

Mais à côté de cet avantage se trouvent divers inconvénients :

1° Le *réfrigérant*, destiné à refroidir l'eau condensante, est un appareil encombrant. Ce défaut, déjà assez sensible dans un steamer de fort tonnage, serait capital pour les petits bateaux et rendrait inapplicable à ces derniers le système de la *condensation monhydrique.*

2° Dans le travail de la machine, des générateurs et du *réfrigérant*, il se perd de l'eau, soit à l'état liquide par les joints des tôles des chaudières, soit à l'état de vapeur par les soupapes, les stuffing-boxes..., etc.

2° Le refroidissement de l'eau condensante exige l'emploi d'une quantité considérable d'eau réfrigérante.

Dans le cas d'un steamer, cette eau se trouve à pied-d'œuvre et, comme nous l'avons vu, on peut s'arranger de manière à n'avoir pas à l'élever, mais seulement à lui imprimer un déplacement horizontal.

Il n'en sera pas de même, en général, pour les machines de terre : l'eau réfrigérante devra être prise dans un puits, et souvent à d'assez grandes profondeurs pour occasionner un travail notable.

4° S'il est vrai qu'à bord des steamers on peut se procurer des quantités indéfinies d'eau, celle-ci n'a pas toujours une température assez basse pour agir comme réfrigérant. Ainsi, il y a certains parages maritimes où l'eau à la surface de la mer possède des températures de 20, 25, 30° et même plus élevées. Et en ce qui concerne la navigation fluviale, on doit remarquer que, à certaines époques de l'année, les cours d'eau prennent des températures de 20 à 25°. Dans ces circonstances l'eau condensante ne pourrait pas être refroidie suffisamment pour produire une bonne condensation.

L'*alimentation à l'eau surchauffée* exige des appareils plus simples (surtout lorsque le filtrage n'est pas nécessaire) et dont toutes les parties concourrent à la vaporisation ; car le travail du *surchauffeur* vient en déduction de celui des générateurs.

Il est vrai que le *surchauffeur* est sujet à incrustation ; mais c'est seulement sur la surface de chauffe la moins chauffée ; et comme, d'un autre côté, le feu y peut être beaucoup moins vif que dans le foyer des générateurs, l'incrustation ne créera aucune chance appréciable de danger et n'entraînera qu'une faible perte de chaleur.

Aussi, quoique ce système ne permette aucune réduction dans le travail de la pompe à eau et à air, je pense qu'on ne devra point hésiter à lui donner la préférence dans la navigation maritime ou fluviale.

Pour les machines de terre, lorsqu'on aura de l'eau de puits à une petite profondeur, pour le service du réfrigérant, le système de la *condensation monhydrique* offrira, au contraire, plus d'avantages.

Conclusions.

Les conclusions à tirer de ce mémoire peuvent se résumer comme il suit :

1. La navigation à vapeur et l'industrie sont intéressées, au plus haut degré, dans la question de la préservation des chaudières contre l'incrustation.

La suppression pure et simple des incrustations économisera, moyennement, environ 40 o/o de la consommation actuelle du combustible.

L'absence d'incrustation permettra de substituer les machines à moyenne ou à haute pression à celles du système de Watt, pour la navigation maritime, et d'économiser, en plus par ce moyen, 50 o/o de combustible. En sorte que l'économie totale à réaliser, dans les machines navales, sera d'environ 66 o/o.

Autres conséquences importantes de l'absence d'incrustations : augmentation de la durée des chaudières ; accroissement considérable du *tonnage utile* des steamers ; sécurité contre les explosions.

2. Dans les chaudières alimentées à l'eau douce, l'incrustation est produite par le carbonate et par le sulfate de chaux.

Dans les générateurs qui vaporisent de l'eau de mer, l'incrustation est produite par le sulfate de chaux seul.

La solubilité du sulfate de chaux dans les eaux salées conduit à un procédé pour diminuer les incrustations dues à l'eau de la mer : c'est le procédé de l'*évacuation*.

Mais il n'est applicable qu'aux chaudières à basse pression, et encore ne peut-il protéger que la surface de chauffe *indirecte*.

5. Pour empêcher l'incrustation dans les chaudières à moyenne ou à haute pression, il n'y a pas d'autre ressource que d'alimenter avec de l'eau privée de sels calcaires en dissolution.

Il se présente trois moyens de réaliser cette idée, qui sont :

1° L'emploi d'un *condenseur à surface* pour recueillir, à l'état pur, l'eau produite par la condensation de la vapeur à sa sortie du cylindre. C'est l'*alimentation monhydrique*.

Ce moyen paraît inapplicable, à moins de diminuer considérablement l'effet utile du moteur, par suite du retard que la condensation éprouve dans les *condenseurs à surface*.

2° *Condensation monhydrique*. — L'emploi d'une seule et même quantité d'eau, préalablement privée de sels calcaires, pour opérer la condensation dans le condenseur actuellement en usage.

Ce moyen sera appliqué avec avantage pour les machines fixes, dans les localités où l'on pourra se procurer de l'eau froide comme celle que donnerait un puits peu profond.

3° *Alimentation à l'eau surchauffée*. — Purification préalable de l'eau alimentaire par la précipitation des sels de chaux, opérée à l'aide d'une ébullition sous la pression de cinq à six atmosphères.

Ce moyen sera d'un emploi avantageux, principalement pour les steamers fonctionnant à haute pression. Il convient aussi aux bateaux marchant à moyenne pression et aux machines fixes à moyenne ou haute pression, dans les localités mal pourvues d'eau froide. Dans ces applications le procédé n'exigera d'autre appareil qu'un *surchauffeur* dont le travail viendra en déduction de celui des générateurs.

Le procédé de l'*alimentation à l'eau surchauffée* est le seul applicable aux locomotives, dans l'état actuel du matériel des chemins de fer. Pour cette application, il faut joindre au *surchauffeur* un appareil de filtrage destiné à séparer l'eau d'avec le précipité de sels calcaires.

NOTES.

J'ai cru devoir, dans le cours de ce mémoire, me borner à énoncer les résultats, sans passer par les aperçus scientifiques qui m'y ont conduit, et réserver à ces détails une place spéciale, afin que le lecteur puisse, à son gré, ou les examiner ou les omettre.

NOTE N° 1.

Calcul de la perte de calorique due aux incrustations.

1. Considérons deux chaudières o, o' égales et placées dans les mêmes conditions, sauf cette seule différence que l'une o' est revêtue d'une croûte calcaire, d'épaisseur uniforme sur toute la surface de chauffe à l'intérieur, l'autre o n'ayant aucune incrustation calcaire.

Je suppose qu'elles soient conduites de manière à produire la même quantité de vapeur dans le même temps. Par cette hypothèse, on se place dans la réalité des faits; car, dans une usine, le travail du moteur est fixé, et il faut que la chaudière fournisse la quantité de vapeur voulue pour ce travail; et si, par suite d'incrustation, elle est moins apte à la vaporisation, on y supplée en augmentant l'intensité du feu. Il doit résulter de cet expédient une plus grande perte de chaleur par le tirage de la cheminée et par le rayonnement extérieur du fourneau. C'est cette augmentation de perte qu'il s'agit d'évaluer.

Dans l'impossibilité d'avoir des données précises, je ferai

des hypothèses, se rapprochant le plus possible des faits, mais tendant toutes à diminuer le résultat ; de manière à ce que ce résultat soit une évaluation aussi approchée que possible, mais néanmoins inférieure à la perte réelle.

L'accroissement de la perte de chaleur, dû au rayonnement extérieur du fourneau, étant peu considérable, je la négligerai, et je ne m'occuperai que de l'accroissement de perte dû au tirage.

2. Soit P la perte de chaleur par tirage pour la chaudière o, et P' la perte pour la chaudière o'.

Le rapport $\dfrac{P'}{P}$ sera égal au rapport des quantités de gaz passant, en un temps donné, dans la cheminée, multiplié par le rapport des températures moyennes T et T' de ces mêmes gaz ; c'est-à-dire qu'en désignant par ϖ et ϖ' les poids respectifs de ces mêmes quantités de gaz, on aura :

$$\frac{P'}{P} = \frac{\varpi'}{\varpi} \cdot \frac{T'}{T}.$$

Ne connaissant pas ϖ et ϖ', je les supposerai égaux pour le moment, sauf à tenir compte plus tard de leur différence, au moins approximativement. Cette hypothèse conduit à une valeur de $\dfrac{P'}{P}$ trop faible ; car il est évident que ϖ' relatif à la chaudière incrustée, qui consomme plus de combustible que la chaudière non incrustée, est plus grande que ϖ. Soit $\dfrac{\Pi_o}{P}$ cette valeur trop faible ; et posons :

$$\frac{\Pi_o}{P} = \frac{T'}{T}, \quad \text{et par conséquent} \quad \frac{P'}{P} = \frac{\Pi_o}{P} \frac{\varpi'}{\varpi}.$$

3. Soit A la moyenne des températures de tous les points de la surface de chauffe extérieure de la chaudière o, et A' la quantité analogue pour la chaudière o'.

Ces quantités AA', températures des corps échauffés, dépendent évidemment des quantités TT', températures des corps échauffants, et on pourra poser :

$$\begin{aligned} T &= m\mathrm{A} \\ T' &= m'\mathrm{A}' \end{aligned} \quad \text{ou} \quad \frac{\Pi_o}{P} = \frac{m'}{m} \frac{\mathrm{A}'}{\mathrm{A}}.$$

Ces coefficients mm' sont inconnus et dépendent de diverses circonstances (telles que le rayonnement du foyer, le rayonnement extérieur du fourneau, la disposition des carneaux, la vitesse des gaz dans ces carneaux, la vitesse de transmission du calorique à travers le métal, etc., etc.), lesquelles circonstances sont ou égales pour les deux chaudières, ou variables par le seul effet de l'incrustation plus ou moins épaisse ; de telle sorte que toutes ces circonstances seraient les mêmes pour les deux chaudières, si l'incrustation était nulle, et l'on aurait $m = m'$. On pourra donc, en désignant par ε l'épaisseur variable de la croûte uniformément répartie sur la surface, considérer $\dfrac{m'}{m}$ comme une fonction de ε, et poser $\dfrac{m'}{m} = f(\varepsilon)$, fonction inconnue, dont on sait seulement que l'on a $f(o) = 1$. On posera donc

$$\frac{\Pi_o}{P} = f(\varepsilon)\,\frac{A'}{A}. \tag{1}$$

4. Cherchons à déterminer le rapport $\dfrac{A'}{A}$ par la considération du mouvement de la chaleur à travers les parois des deux chaudières.

Comme on aura besoin du coefficient de conductibilité du métal, lequel coefficient, tel que le donne la physique, se rapporte au métal à surface bien décapée ; et que d'un autre côté, dans la pratique, les surfaces des chaudières ne sont jamais nettes, et qu'elles sont recouvertes à l'intérieur d'une couche d'oxyde généralement peu épaisse, mais influant néanmoins sur la conductibilité ; nous considérerons une troisième chaudière Ω idéale égale aux deux autres et placée dans les mêmes circonstances, mais complétement décapée ; tandis que o et o' sont supposées recouvertes d'une couche d'oxyde d'épaisseur η, et en outre o' aura une croûte calcaire d'épaisseur ε superposée à cette couche d'oxyde.

Soient les points quelconques $MM'\mu$ pris respectivement sur la surface extérieure des trois chaudières (*fig.* 12, Pl. IV).

$a\,a'\,\theta$ la température de l'élément infiniment petit de la surface de chauffe respectivement en chacun de ces points.

QQ'χ la quantité de chaleur qui passe, pendant l'unité de
    temps, à travers toute la surface de chauffe S dans
    chacune des chaudières respectivement.

i la température de la surface intérieure au point M, de
    la chaudière o au contact du métal et de la couche
    d'oxyde.

i' la température au point M'' de la chaudière o' au
    contact du métal et de la couche d'oxyde.

i'' la température de la couche d'oxyde au point M', du
    contact de l'oxyde et de la croûte calcaire.

b la température de l'eau dans chacune des trois chau-
    dières.

K   le coefficient de conductibilité du métal.

K'   le coefficient de conductibilité de la croûte calcaire.

γ celui de la couche d'oxyde.

e l'épaisseur du métal dans les trois chaudières.

ϵ l'épaisseur de la voûte calcaire.

η l'épaisseur de la couche d'oxyde.

ds l'élément différentiel de la surface de chauffe S de
    chaque chaudière.

On aura pour les chaudières Ω et o les équations différentielles :

$$d\chi = K\,\frac{\theta - b}{e}\,ds, \qquad dQ = K\,\frac{a - i}{e}\,ds.$$

$\theta a i$ varient avec le point de la surface considéré, et peuvent être regardés comme des fonctions de l'élément s de
la surface, pris pour variable indépendante, et compté, à
partir d'une origine placée à l'une des extrémités de la
surface, de telle sorte que toute la surface de chauffe se
trouve comprise en $s = o$ et $s = S$. On peut donc indiquer
l'intégration de ces équations différentielles entre les limites
$s = o$ et $s = S$, et l'on aura :

$$\chi = \frac{K}{e}\left[\int_o^S \theta\,ds - bS\right],$$

$$Q = \frac{K}{e}\left[\int_o^S a\,ds - \int_o^S i\,ds\right]$$

ou

$$\frac{\chi}{S} = \frac{K}{e}\left[\frac{\int_o^S \theta\,ds}{S} - b\right], \quad \Bigg\}$$

$$\frac{Q}{S} = \frac{K}{e}\left[\frac{\int_o^S a\,ds}{S} - \frac{\int_o^S i\,ds}{S}\right] \Bigg\} \qquad (2)$$

Les expressions $\dfrac{\int_0^S \theta\,ds}{S}$; $\dfrac{\int_0^S a\,ds}{S}$; $\dfrac{\int_0^S i\,ds}{S}$ sont respectivement la moyenne des températures de tous les éléments de la surface extérieure dans les chaudières Ω et o , et de la surface intérieure de la chaudière o au contact du métal et de l'oxyde.

Désignant par $\theta A I$ ces moyennes de température, les équations (2) deviennent :

$$\frac{\chi}{S} = \frac{K}{e}\,(\theta - b); \qquad \frac{Q}{S} = \frac{K}{e}\,(A - I). \qquad (3)$$

Lorsque l'équilibre dynamique de chaleur est établi dans la chaudière o , la quantité $\dfrac{Q}{S}$ qui traverse l'unité de surface du métal est égale à la quantité qui traverse la couche d'oxyde sur l'unité de surface, laquelle quantité est évidemment exprimée par $\dfrac{\gamma}{\eta}\,(I - b)$. On a donc l'équation :

$$\frac{K}{e}\,(A - I) = \frac{\gamma}{\eta}\,(I - b);$$

d'où l'on tire :

$$I = \frac{KA\eta + \gamma be}{\gamma e + K\eta}.$$

Substituant cette valeur de I dans la deuxième des équations (3), on a :

$$\frac{Q}{S} = \frac{K\eta}{\gamma e + K\eta}\,(A - b).$$

Et divisant cette équation par la première équation (3), on a :

$$\frac{Q}{\chi} = \frac{A - b}{\theta - b}\,\frac{1}{1 + \dfrac{K}{\gamma}\dfrac{\eta}{e}}. \qquad (4)$$

Pour la chaudière o' , on aura une équation analogue à la seconde des équations (3), et qui sera :

$$\frac{Q'}{S} = \frac{K}{e}\,(A' - I'),$$

à laquelle il faut joindre les deux équations suivantes qui expriment l'état d'équilibre dynamique de la chaleur dans le métal, la couche d'oxyde et la croûte calcaire.

$$\frac{K}{e}\,(A'-I') \;=\; \frac{\gamma}{\eta}\,(I'-I'')$$

$$\frac{\gamma}{\eta}\,(I'-I'') \;=\; \frac{K}{\varepsilon}\,(I''-b),$$

A'I'I'' ayant des significations analogues aux quantités A et I, et se rapportant aux points M'M',M', de la chaudière o'.

De ces équations on tire une valeur de I' indépendante de I''; et en la substituant dans l'équation précédente, on a :

$$\frac{Q'}{S} = (A'-b)\,\frac{K\gamma K'}{K'\gamma e + K K'\eta + K\gamma\varepsilon}.$$

Et en divisant membre à membre cette équation par la première des équations (3), on a :

$$\frac{Q'}{\chi} = \frac{A'-b}{\theta-b}\,\frac{1}{1+\dfrac{K}{\gamma}\dfrac{\eta}{e}+\dfrac{K}{K'}\dfrac{\varepsilon}{e}}. \tag{5}$$

En divisant membre à membre cette équation par l'équation (4), il vient :

$$\frac{Q'}{Q} = \frac{A'-b}{A-b}\cdot\frac{1+\dfrac{K}{\gamma}\dfrac{\eta}{e}}{1+\dfrac{K}{\gamma}\dfrac{\eta}{e}+\dfrac{K}{K'}\dfrac{\varepsilon}{e}}. \tag{6}$$

Telle est la relation générale qui existe entre les quantités de chaleur qui traversent dans l'unité de temps les surfaces de chauffe de deux chaudières égales, recouvertes d'une couche d'oxyde, placées dans les mêmes circonstances, sauf que l'une est incrustée, et l'autre non incrustée.

5. Maintenant il faut introduire dans cette équation (6) l'hypothèse du n° 1, exprimant que les quantités de vapeur, produites, dans le même temps, par les deux chaudières, sont égales; il faut donc faire $Q'=Q$, et l'on a :

$$1 = \frac{A' - b}{A - b} \cdot \frac{1 + \dfrac{K}{\gamma} \dfrac{\eta}{e}}{1 + \dfrac{K}{\gamma} \dfrac{\eta}{e} + \dfrac{K}{K'} \dfrac{\varepsilon}{e}},$$

d'où l'on tire :

$$\frac{A'}{A} = 1 + \frac{\dfrac{K}{K'} \dfrac{1}{e} \left(1 - \dfrac{b}{A}\right)}{1 + \dfrac{K}{\gamma} \dfrac{\eta}{e}} \varepsilon,$$

ou bien

$$\frac{A'}{A} = 1 + M\varepsilon,$$

en posant :

$$M = \frac{\dfrac{K}{K'} \dfrac{1}{e} \left(1 - \dfrac{b}{A}\right)}{1 + \dfrac{K}{\gamma} \dfrac{\eta}{e}}.$$

Substituant cette valeur de $\dfrac{A'}{A}$ dans l'équation (1), on a :

$$\frac{\Pi_0}{P} = f(\varepsilon) \left[1 + M\varepsilon\right]. \qquad (7)$$

6. L'équation (7) est de la forme $y = \left[1 + Mx\right] f(x)$. Si l'on suppose qu'elle est représentée géométriquement par une courbe BA (*fig.* 12, Pl. IV), celle-ci passera en un point B de l'axe des y à une hauteur $OB = 1$; car pour $x = 0$, nous savons qu'on a :

$$y_0 = f(0) = 1.$$

Examinons quelques-unes des propriétés de cette courbe déduites de la nature même de la question.

D'abord cette courbe se tiendra toujours, pour des valeurs positives de x, au-dessus de la ligne BX$'$ parallèle à l'axe des x, parce que $\dfrac{\Pi_0}{P} = \dfrac{T'}{T} > 1$.

Il est aussi dans la nature de la question que cette courbe n'ait pas de sinuosité, et qu'elle s'élève toujours à partir du point B; car le rapport $\dfrac{\Pi_0}{P}$ augmentera toujours avec l'épaisseur de la croûte, et il pourra arriver, tout au plus, qu'à partir d'une certaine épaisseur de croûte, le rapport $\frac{\Pi_0}{P}$ n'augmente plus, c'est-à-dire que la courbe BA prenne une direction parallèle à l'axe des x à partir d'une certaine valeur de x.

Donc, le coefficient différentiel de cette courbe est toujours positif.

Ce coefficient est

$$\frac{dy}{dx} = Mf(x) + (M x + 1)f'(x);$$

et comme $f(x)$ est positif, que M est aussi toujours positif, parce que $\frac{b}{A}$ est toujours plus petit que 1, il faut que $f'(x)$ soit aussi toujours positif.

Or le coefficient pour $x = 0$ devient :

$$\frac{dy_0}{dx} = Mf(0) + f'(0) = M + f'(0).$$

Si l'on négligeait le terme $+ f'(0)$ qui est positif, et que par conséquent l'on fit $\frac{dy_0}{dx} = M$, on aurait une courbe BC qui, au point B, serait plus inclinée vers BX$'$ que la courbe BA, et dont les coordonnées auraient des valeurs plus petites que les valeurs de $\frac{\Pi_0}{P}$.

Prenons néanmoins cettte courbe BC à la place de BA et nous aurons ainsi pour $\frac{\Pi_0}{P}$ des valeurs moindres que les vraies valeurs.

7. Cette courbe BC, dont nous ne connaissons qu'un point B, et la direction en ce point, ne peut pas être déterminée. Mais, considérant qu'elle est continue et sans sinuosités, et qu'elle peut tout au plus s'infléchir assez pour devenir parallèle à l'axe des x, on peut lui substituer une parabole qui lui serait tangente au point B, et dont l'axe coïnciderait avec l'axe des x. On sera sûr que, dans le voisinage du point B, les ordonnées de cette parabole seront égales à

celles de la courbe BC, et qu'elles en diffèrent peu, soit en
plus, soit en moins, pour des points qui ne s'écartent pas
beaucoup du point B.

Cette parabole, représentée par **BD**, sera de la forme
$y^2 = px + q$; et, pour déterminer les coefficients, on a :

$$y^2_{\,0} = 1 = q ; \quad \frac{dy_0}{dx} = \frac{p}{2y_0} = M \text{ ou } p = 2M,$$

ce qui donne la parabole

$$y^2 = 2Mx + 1, \quad \text{ou } y = \sqrt{1 + 2Mx}.$$

Ainsi, nous prendrons pour $\dfrac{\Pi_0}{P}$, au lieu des valeurs véritables représentées par les ordonnées de la courbe **BA**, l'expression suivante, qui, pour des points peu éloignés de **B**,
ou pour des épaisseurs de croûtes peu considérables, donnera des valeurs plus petites :

$$\frac{\Pi_0}{P} = \sqrt{1 + 2M\varepsilon}. \tag{8}$$

8. Il faut maintenant fixer la valeur de la constante A qui
entre dans le coefficient M.

A exprime la température moyenne de la surface de
chauffe extérieure de la chaudière non incrustée. Comme
on ne peut connaître exactement cette quantité, je lui donnerai une valeur telle qu'il en résulte pour $\dfrac{\Pi_0}{P}$ des valeurs
encore plus inférieures aux valeurs véritables. Or M est
d'autant plus petit que A est plus petit. On amoindrira donc
les valeurs de $\dfrac{\Pi_0}{P}$ si l'on donne à A une valeur moindre que
sa vraie valeur.

Pour cela, remarquons que lorsqu'un fourneau est dans
les meilleures conditions de tirage (et nous supposerons que
tel est le cas actuel), les gaz de la combustion entrent dans
la cheminée avec une température moyenne de 300° environ Or la température moyenne de la surface de chauffe
extérieure est supérieure à celle des gaz ; car cette surface
reçoit, outre le contact de ces gaz, le rayonnement du

foyer et celui des carneaux. Donc, en supposant $A = 300°$,
on fait une supposition qui amoindrit les valeurs de $\dfrac{\Pi_o}{P}$. On
aura ainsi :

$$M = \frac{\dfrac{k}{k'}\dfrac{1}{e}\left(1 - \dfrac{b}{300}\right)}{1 + \dfrac{k}{\gamma}\dfrac{\eta}{e}}.$$

9. La quantité b, et par suite M, varie avec la pression ,
et l'on aura suivant les cas ; savoir :

Pour la basse pression ($1^{\text{atm}},25$) :

$$b = 105° \quad \text{et} \quad M = 0,65\,\frac{\dfrac{k}{k'}\dfrac{1}{e}}{1 + \dfrac{k}{\gamma}\dfrac{\eta}{e}} ;$$

Pour la moyenne pression (3 atm.) :

$$b = 135° \quad \text{et} \quad M = 0,55\,\frac{\dfrac{k}{k'}\dfrac{1}{e}}{1 + \dfrac{k}{\gamma}\dfrac{\eta}{e}} ;$$

Pour la haute pression (5 atm.) :

$$b = 153° \quad \text{et} \quad M = 0,49\,\frac{\dfrac{k}{k'}\dfrac{1}{e}}{1 + \dfrac{k}{\gamma}\dfrac{\eta}{e}} ;$$

et l'expression (8) devient :

$$\text{Basse pression,} \qquad \frac{\Pi_o}{P} = \sqrt{1 + 1,3\,\frac{\dfrac{k}{k'}\dfrac{1}{e}}{1 + \dfrac{k}{\gamma}\dfrac{\eta}{e}}\,\varepsilon}. \quad (9)$$

$$\text{Moyenne pression,} \qquad \frac{\Pi_o}{P} = \sqrt{1 + 1,1\,\frac{\dfrac{k}{k'}\dfrac{1}{e}}{1 + \dfrac{k}{\gamma}\dfrac{\eta}{e}}\,\varepsilon}. \quad (10)$$

$$\text{Haute pression,} \quad \frac{\Pi_0}{P} = \sqrt{1 + 0{,}98\, \frac{\dfrac{k}{k'}\dfrac{1}{e}}{1 + \dfrac{k}{\gamma}\dfrac{\eta}{e}}\,\varepsilon}. \quad (11)$$

10. Il faut maintenant de $\dfrac{\Pi_0}{P}$ passer à $\dfrac{P'}{P}$, ou du moins à une expression qui donne pour $\dfrac{P'}{P}$ des valeurs plus approchées de la réalité que celles de l'expression (8) ; et cela en tenant compte de la différence des poids ϖ et ϖ' des gaz de la combustion.

Pour un même combustible, le poids des gaz de la combustion est proportionnel à la quantité de combustible brûlé. Soient U et U' les quantités de combustible brûlé dans l'unité de temps pour les deux chaudières o et o'. On aura $\dfrac{\varpi'}{\varpi} = \dfrac{U'}{U}$; et, en remplaçant $\dfrac{\varpi'}{\varpi}$ par cette valeur dans l'expression de $\dfrac{P'}{P}$, on aura :

$$\frac{P'}{P} = \frac{\Pi_0}{P} \cdot \frac{U'}{U}. \qquad (12)$$

En supposant que le rayonnement extérieur du fourneau soit le même pour les deux chaudières, ce qui est sensiblement exact, on aura :

$$U' = U + P' - P \quad \text{ou} \quad \frac{U'}{U} = 1 + \frac{P'}{U} - \frac{P}{U}. \qquad (13)$$

Si, au lieu de cette valeur de $\dfrac{U'}{U}$, nous prenons celle-ci : $\dfrac{u_0}{U} = 1 + \dfrac{\Pi_0}{U} - \dfrac{P}{U}$, dans laquelle $\dfrac{P'}{U}$ est remplacé par $\dfrac{\Pi_0}{U}$, qui est plus petit, nous aurons une valeur trop faible ; et, par suite, la nouvelle expression qui en résultera pour $\dfrac{P'}{P}$ sera trop petite ; désignons-la par $\dfrac{\Pi_I}{P}$. On aura :

$$\frac{\Pi_I}{P} = \frac{\Pi_0}{P}\left[1 + \frac{\Pi_0}{U} - \frac{P}{U}\right],$$

expression à laquelle il faut joindre celle-ci :

$$\frac{\Pi_o}{P} = \sqrt{1 + 2M\varepsilon},$$

d'où l'on déduit :

$$\frac{\Pi_o}{U} = \frac{P}{U}\sqrt{1 + 2M\varepsilon}.$$

Le rapport $\dfrac{\Pi_1}{P}$ ainsi obtenu sera plus rapproché de $\dfrac{P'}{P}$ que ne l'est $\dfrac{\Pi_o}{P}$.

Remarquons d'un autre côté que $\dfrac{\Pi_1}{U}$ est plus approché de $\dfrac{P}{U}$ que ne l'est $\dfrac{\Pi_o}{U}$. Si donc dans l'expression (13) nous remplaçons $\dfrac{P'}{U}$ par $\dfrac{\Pi_1}{U}$, nous aurons un autre rapport que nous désignerons par $\dfrac{u_1}{U}$, toujours inférieur à $\dfrac{U'}{U}$, mais s'en approchant plus que $\dfrac{u_o}{U}$; et, en mettant ce rapport à la place de $\dfrac{U'}{U}$ dans l'expression (12), on aura une nouvelle valeur que nous désignerons par $\dfrac{\Pi_2}{P}$, plus approchée de $\dfrac{P'}{P}$ que ne l'est $\dfrac{\Pi_1}{P}$. On a ainsi :

$$\frac{\Pi_2}{P} = \frac{\Pi_o}{P}\left[1 + \frac{\Pi_1}{U} - \frac{P}{U}\right],$$

expression à laquelle il faut joindre celle-ci, dont nous savons former la valeur :

$$\frac{\Pi_1}{P} = \frac{\Pi_o}{P}\left[1 + \frac{\Pi_o}{U} - \frac{P}{U}\right],$$

d'où

$$\frac{\Pi_1}{U} = \frac{P}{U}\frac{\Pi_o}{P}\left[1 + \frac{\Pi_o}{P} - \frac{P}{U}\right].$$

En continuant ainsi cette méthode d'approximation, on

formera, en les déduisant chacune de la précédente, diverses expressions donnant des valeurs de plus en plus approchées de $\dfrac{P'}{P}$, eu égard aux poids des gaz de la combustion, mais toujours inférieures à la vraie valeur à cause de l'hypothèse faite sur la courbe BC et sur la valeur de A. Ces expressions ont pour formule générale

$$\frac{\Pi_n}{P} = \frac{\Pi_0}{P}\left[1 + \frac{\Pi_{n-1}}{U} - \frac{P}{U}\right], \qquad (14)$$

et on les déduira, chacune de la précédente, successivement en partant de $\dfrac{\Pi_0}{P} = \sqrt{1 + 2M\varepsilon}$.

Au moyen de ces deux formules, on formera pour une valeur donnée de ε les valeurs successives et de plus en plus approchées de $\dfrac{P'}{P}$, que j'ai désignées par $\dfrac{\Pi_0}{P}\ \dfrac{\Pi_1}{P}\ \dfrac{\Pi_2}{P}\ \dfrac{\Pi_3}{P} \cdots \dfrac{\Pi_n}{P}$, et l'on prendra l'une de ces valeurs pour représenter $\dfrac{P'}{P}$ suivant le degré d'approximation qu'on désirera.

11. APPLICATIONS. — 1° *Chaudières à basse pression.*

Soit une chaudière en tôle de fer, d'épaisseur $e = 14$ millimètres, maximum des épaisseurs en usage. On a $k = 374$. Prenons $k' = 23$ coefficient du marbre, quoique supérieur à celui de la croûte calcaire. Prenons aussi $\gamma = 23$; et soit $\eta = 0,1$ de millimètre.

On a :

$$\frac{\Pi_0}{P} = \sqrt{1 + 1,353\varepsilon}.$$

Si les conditions de tirage sont bonnes (auquel cas on admet en pratique que l'air qui passe par la grille est brûlé à moitié et que les gaz de la combustion passent dans la cheminée avec une température moyenne de 300°), la perte par tirage $\dfrac{P}{U}$ pour la chaudière non incrustée est de 0,25, en supposant qu'on brûle de la houille de moyenne qualité.

La formule (14) devient dans ce cas :

$$\frac{\Pi_n}{P} = \sqrt{1 + 1{,}353\,.\,\varepsilon\left[0{,}75 + \frac{\Pi_{n-1}}{U}\right]}.$$

Faisant successivement $\varepsilon = 1, 2, 3, 4, 5$ millimètres, et déterminant, pour chacune de ces épaisseurs de croûte, les valeurs $\dfrac{\Pi_0}{P} \; \dfrac{\Pi_1}{P} \; \dfrac{\Pi_2}{P} \ldots \dfrac{\Pi_5}{P}$, et prenant cette dernière pour la valeur approchée de $\dfrac{P'}{P}$, on forme le tableau suivant, dans lequel la colonne intitulée $\dfrac{U'-U}{U}$ donne l'accroissement de consommation dû à l'incrustation, rapporté à la consommation actuelle U', et par conséquent l'économie qui serait réalisée par l'absence de toute incrustation :

ε	$\dfrac{\Pi^0}{P}$	$\dfrac{\Pi_1}{P}$	$\dfrac{\Pi_2}{P}$	$\dfrac{\Pi_3}{P}$	$\dfrac{\Pi_4}{P}$	$\dfrac{\Pi_5}{P}$	VALEURS APPROCHÉES DE				
							$\dfrac{P'}{P}$	$\dfrac{P'}{U}$	$\dfrac{P'-P}{U}$ accroissement de consommation dû aux incrustations.	$\dfrac{U'}{U}$	$\dfrac{U'-U}{U'}$ économie réalisable par l'absence des incrustations.
mm.											
0	1.00	1.00	1.00	1.00	1.00	1.00	1.00	0.250	0.000	1.000	0.000
1	1.53	1.73	1.81	1.84	1.85	1.85	1.85	0.462	0.212	1.212	0.175
2	1.93	2.38	2.59	2.69	2.74	2.77	2.77	0.692	0.442	1.442	0.307
3	2.25	2.95	3.34	3.56	3.69	3.76	3.76	0.940	0.690	1.690	0.414
4	2.53	3.49	4.10	4.49	4.73	4.89	4.89	1.222	0.972	1.972	0.492
5	2.78	4.02	4.88	5.47	5.88	6.17	6.17	1.542	1.292	2.292	0.563

Ainsi, pour une épaisseur de croûte $\varepsilon = 1$ millimètre, l'économie réalisable est d'au moins 17,5 p. 100 de la consommation actuelle ; et si l'incrustation était de 5 millimètres, l'économie qu'on réaliserait en la supprimant serait d'au moins 56,3 p. 100.

Mais les croûtes n'ont pas la même épaisseur sur tous les points de la surface de chauffe, ainsi que nous l'avons supposé dans ce calcul : dans les chaudières des six steamers que j'ai visités, j'ai vu constamment des croûtes de 1,5 à 2 millimètres sur la caisse du foyer, et d'une épaisseur croissant jusqu'à 10 et 15 millimètres sur le reste de la surface de chauffe. Et comme ces steamers, appartenant à diverses compagnies, étaient d'ailleurs bien tenus, on doit penser que leurs chaudières n'étaient pas dans un état d'incrustation exceptionnel, et que celles des autres navires sont pour le moins aussi fortement incrustées; en sorte qu'on pourrait admettre en général, comme minimum, une épaisseur de croûte de 1 millimètre sur la surface directe et allant graduellement en augmentant jusqu'à 10 millimètres sur la surface indirecte, ce qui ferait une moyenne minimum de 5 millimètres. Et l'on doit considérer ces épaisseurs de croûte comme permanentes dans les steamers du commerce; parce que les nettoyages, ou ne sont pas faits du tout, ou sont illusoires, les croûtes étant très-adhérentes et leur position d'un difficile accès.

Ainsi on peut prendre, comme moyenne de l'effet de l'incrustation sur les chaudières navales, celui qui se produirait dans une chaudière recouverte d'une croûte d'une épaisseur uniforme de 5 millimètres, lequel effet serait par conséquent une perte de 56,3 p. 100.

Toutefois, à bord des steamers transatlantiques et des steamers de l'État, où l'on fait usage de pompes d'épuisement continu pour les eaux mères, et où les grandes dimensions des chaudières permettent de faire à chaque voyage un nettoyage presque complet à l'aide du marteau, l'effet moyen de l'incrustation ne doit guère dépasser celui qui serait dû à une épaisseur uniforme de croûte de 2 millimètres, soit une perte de 30 p. 100.

En sorte que si l'on voulait indiquer, d'une manière générale et sans distinction de steamer à basse pression, la perte produite par l'incrustation des chaudières navales, on pourrait la porter à environ 40 p. 100 de la consommation actuelle.

Dans les générateurs des machines de terre, alimentées à l'eau douce, les croûtes sont en général moins épaisses, parce que les nettoyages, qui se font ordinairement une fois par mois dans les usines bien conduites, atteignent toutes les parties de la surface, plus accessibles dans les chaudières à tombeau que dans les chaudières à galeries. Toutefois ces nettoyages sont incomplets, et n'enlèvent que les vases et les croûtes les plus épaisses, en sorte que ces chaudières restent dans un état permanent d'incrustation dont on peut assimiler l'effet à celui produit par une croûte d'une épaisseur uniforme d'au moins 3 millimètres, lequel est une perte de 41,4 p. 100, soit 40 p. 100.

2° *Chaudières à moyenne pression des machines de terre.*

Soit une chaudière tubulaire, dans le système américain, en tôle de fer, marchant à 3 atmosphères. L'épaisseur réglementaire de l'enveloppe sera de 8 à 9 millimètres; celle des bouilleurs et tubes sera moindre ; mais je supposerai une épaisseur uniforme de 8 millimètres, hypothèse qui tend à abaisser l'évaluation de la perte.

On a
$$\frac{\Pi_0}{P} = \sqrt{1 + 1,8581.\varepsilon},$$

et l'expression générale (14) devient :

$$\frac{\Pi_n}{P} = \sqrt{1 + 1,8581.\varepsilon}\left[0,75 + \frac{\Pi_{n-1}}{U}\right].$$

Cette expression donnerait lieu à un tableau analogue au précédent, et dont voici les résultats essentiels :

Valeurs de ε = 0   1   2   3   4   5

Valeurs de $\dfrac{U' - U}{U'}$ = 0,000 0,229 0,384 0,501 0,594 0,671

Il convient d'appliquer à ces générateurs la perte correspondante à une épaisseur uniforme de 3 millimètres, et qui est de 50,1 p. 100, soit 50 p. 100.

3° *Chaudières à haute pression (5 atmosph.) des machines de terre.*

Soit une chaudière en fer, cylindrique, de 1 mètre de diamètre, marchant et timbrée à 5 atmosphères. L'épaisseur réglementaire du corps de la chaudière est de 10 millimètres. Supposons que les bouilleurs aient cette même épaisseur, quoiqu'elle soit moindre en général, et prenons

les autres données comme dans les applications précé-
dentes ; on a :

$$\frac{\Pi_0}{P} = \sqrt{1 + 1,3707.\varepsilon} \quad \text{et} \quad \frac{\Pi_n}{P} = \sqrt{1 + 1,3707\varepsilon}\left[0,75 + \frac{\Pi_{n-1}}{U}\right],$$

d'où l'on déduit :

Valeurs de $\varepsilon =$ 0   1   2   3   4   5

Valeurs de $\dfrac{U' - U}{U'} =$ 0,000 0,178 0,306 0,409 0,499 0,568.

Ici encore l'incrustation pouvant être assimilée, quant à l'effet moyen, à celle consistant en une croûte d'épaisseur uniforme de 3 millimètres, la perte sera 40,9 p. 100, soit 40 p. 100.

4° *Chaudières des locomotives.*

Dans ces chaudières, la température moyenne de la sur-face de chauffe, désignée par A, est plus élevée que dans les autres générateurs. D'un autre côté, les gaz de la com-bustion, ayant peu de distance à parcourir pour arriver à la cheminée, et y étant portés par un fort tirage, restent peu de temps en contact avec la surface de chauffe.

Ils doivent s'échapper dans l'atmosphère avec une tem-pérature plus élevée que 300°. Cherchons à évaluer ap-proximativement cette température.

Nous avons dit que dans un fourneau de machine fixe les gaz de la combustion entrent dans la cheminée à 300°, et qu'alors la perte de combustible est de 0,25 lorsqu'il s'agit de houille de moyenne qualité. Dans une locomotive brû-lant du coke, cette perte est plus forte ; car 1 kilogramme de coke, représentant 6000 calories, ne vaporise que 6 ki-logrammes d'eau à 10° de température initiale, et n'utilise par conséquent que 3840 calories ; la perte est donc

$$\frac{6000 - 3840}{6000} = 0,36.$$

Si le coke et la houille produisaient dans leur combus-tion la même quantité et la même espèce de gaz, il est évident que les températures moyennes de ces gaz, T_x pour le coke et T_h pour la houille, seraient proportionnelles aux pertes 0,36 et 0,25, et on aurait :

$$\frac{T_k}{T_h} = \frac{0,36}{0,25} = 1,44.$$

Or la houille exige plus d'air que le coke; en outre, elle produit de la vapeur d'eau, tandis que le coke n'en produit point; et cette vapeur d'eau diminue la chaleur sensible par sa capacité calorifique, plus grande que celle des gaz produits par le coke; d'où il suit qu'on a en réalité :

$$\frac{T_k}{T_h} > 1,44.$$

Si donc on suppose $\frac{T_k}{T_h} = 1,44$ ou $T_k = 432°$, et qu'on la prenne pour exprimer la température moyenne A de la surface de chauffe extérieure, on fait une hypothèse qui diminue la valeur de $\frac{\Pi_o}{P}$. Faisons donc $A = 430°$.

Soit une chaudière fonctionnant à 5 atmosphères. La température de l'eau sera $b = 153°$. La chaudière étant en cuivre rouge ou jaune, on a $K = 900$. Faisons toujours $K' = \gamma = 23$ et $\eta = 0,1$ millim. L'épaisseur e varie beaucoup selon les points de la surface de chauffe : elle est de 24 millimètres pour la boîte à feu et de 2 millimètres pour les tubes ; nous prendrons pour e la moyenne de ces épaisseurs, en tenant compte du rapport des surfaces de la boîte à feu et des tubes ; ces surfaces étant dans le rapport de 1, pour la boîte à feu, à 10 pour les tubes, on prendra :

$$e = 24 \times \frac{1}{10} + 2 \times \frac{9}{10} = 4,2; \text{ soit } e = 5 \text{ millimètres.}$$

L'expression générale (14) devient ici :

$$\frac{\Pi_n}{P} = \sqrt{1 + 4,3025 \cdot \varepsilon \left[1 + \frac{\Pi_{n-1}}{U} - \frac{P}{U} \right]},$$

dans laquelle il faut faire :

$$\frac{P}{U} = 0,36;$$

ce qui donne :

$$\frac{\Pi_n}{P} = \sqrt{1 + 4{,}3025 \,.\, \varepsilon \left[0{,}64 + \frac{\Pi_{n-1}}{U} \right]}.$$

Quant aux valeurs de ε, qu'il convient de considérer, il faut remarquer que, à cause de la haute température du foyer, de la faible épaisseur du métal des tubes, et des fréquentes variations dans l'intensité du feu occasionnées par le travail variable lui-même, suivant la vitesse ou les pentes à gravir, les dilatations et contractions du métal sont fortes et fréquentes; ces mouvements du métal détachent les croûtes ; et on peut admettre qu'en général les croûtes ne dépassent pas l'épaisseur de 1 millimètre, et que, pendant la marche, la surface est toujours incrustée en certains éndroits, et non incrustée dans d'autres. Nous formerons donc les valeurs $\dfrac{\Pi_0}{P}\dfrac{\Pi_1}{P} \ldots \dfrac{\Pi_4}{P}\dfrac{\Pi_5}{P}$ pour les valeurs de ε, croissant par $\dfrac{1}{10}$ depuis 0,1 jusqu'à 1 millimètre, et nous prendrons la moyenne des valeurs correspondantes de $\dfrac{U'-U}{U'}$ pour exprimer l'*effet moyen de l'incrustation*.

En faisant ces calculs, on trouve les valeurs ci-après :

Valeurs de :

$\varepsilon = $ 0,1 0,2 0,3 0,4 0,5 0,6 0,7 0,8 0,9 1,0^{mm}

Valeurs de :

$\dfrac{U'-U}{U'} = $ 0,103 0,194 0,280 0,353 0,384 0,475 0,524 0,571 0,611 0,647.

La moyenne de ces dix valeurs de $\dfrac{U'-U}{U'}$ est de 0,414.

Ainsi la perte de combustible, due à l'incrustation dans une chaudière de locomotive, peut être évaluée en moyenne à au moins 40 p. 100 de la consommation actuelle.

NOTE N° 2.

Formation des dépôts dans les chaudières navales.

1. En faisant évaporer de l'eau de l'Océan ou de la Méditerranée dans un ballon de verre par ébullition, sous la pression atmosphérique, j'ai observé les faits suivants :

1° Dès le commencement de l'ébullition, il y a dégagement d'acide carbonique.

2° Le liquide reste limpide pendant quelque temps : lorsqu'il est réduit d'environ $\frac{1}{5}$ de son volume, il devient opalin, et l'on distingue des flocons très-légers de magnésie.

3° Lorsque le volume du liquide est réduit au $\frac{1}{3}$ environ, on reconnaît l'acide carbonique dans le précipité floconneux ; il s'y trouve combiné avec la magnésie seule et à l'état de carbonate sesquibasique : il n'y existe point de carbonate de chaux.

4° Lorsque le liquide est réduit au $\frac{1}{4}$ environ de son volume, et marque de 12 à 13° de l'aréomètre de Baumé, il se forme un dépôt blanc cristallin, adhérent aux parois du ballon. Ce dépôt est du *sulfate de chaux*, mêlé d'une petite quantité de sous-carbonate de magnésie, de magnésie libre et quelquefois d'un peu d'oxychlorure de magnésium.

5° L'ébullition continuant, la croûte blanche se développe.

6° Pendant toute la durée de l'ébullition, même lorsqu'on la pousse jusqu'à ce que le sel marin se dépose, il y a dégagement d'acide carbonique ; et l'on remarque que le liquide, d'abord limpide, puis opalin, puis laiteux, s'éclaircit lentement, et tend à reprendre sa limpidité primitive.

2. Tous ces faits s'expliquent par les considérations suivantes, tirées de la composition de l'eau de mer, et eu égard aux lois de la stabilité chimique.

On sait que cette composition, à peu près uniforme pour le Grand-Océan et la Méditerranée, et probablement aussi pour les autres régions maritimes, au moins en ce qui concerne la nature des sels dissous, consiste qualitativement en

Chlorures de sodium, magnésium, potassium, calcium ;

Sulfates de magnésie, de chaux ;

Carbonates de magnésie, de chaux ;

Bromures, iodures alcalins ;

Traces de métaux, etc.

On sait, en outre, que les sels magnésiens de chaque

acide figurent dans cette composition en plus grande proportion que les sels calcaires correspondants.

Si donc on fait bouillir une pareille dissolution saline, voici ce qui doit arriver :

1° A la première ébullition, dégagement de l'air et de l'acide carbonique simplement dissous. Puis, dégagement de la partie de cet acide, qui retient le carbonate de chaux en dissolution, et tendance de ce sel à se précipiter.

2° Mais en présence du chlorure de magnésium, qui, par l'ébullition, tend à abandonner de l'acide, le carbonate de chaux passera à l'état de chlorure de calcium, il se formera de la magnésie libre, et il se dégagera de l'acide carbonique.

Cette réaction se vérifie très-nettement à *posteriori* : quand on fait bouillir une dissolution, même très-étendue, de chlorure de magnésium avec de la craie concassée, il se dégage de l'acide carbonique en abondance, et on voit dans le liquide des flocons opalins de magnésie.

3° De son côté, le carbonate neutre de magnésie, quoique plus stable dans l'eau salée que dans l'eau pure, a cependant une tendance à abandonner de l'acide et à se déposer à l'état de carbonate sesquibasique ; et cette décomposition, qui n'a pas lieu dès le commencement de l'ébullition, se fera lorsque, par la concentration, la température d'ébullition se sera élevée suffisamment. Dès lors, le dégagement d'acide carbonique, commencé par la décomposition du carbonate de chaux, continuera en vertu de celle du carbonate de magnésie.

4° Le sous-carbonate de magnésie ainsi formé réagit à son tour sur le chlorure de magnésium, en lui cédant de la magnésie pour former de l'oxychlorure, et passant lui-même à l'état de carbonate neutre pour se décomposer de nouveau et immédiatement en acide carbonique et en une moindre quantité de sous-carbonate.

Cette réaction se vérifie encore très-nettement : si l'on fait bouillir une dissolution de chlorure de magnésium, à laquelle on ajoute du sous-carbonate de magnésie, il se forme un dégagement très-abondant d'acide carbonique. On peut concevoir que l'action se passe entre quatre équivalents de chlorure de magnésium et quatre équivalents de sous-carbonate; il se produira quatre équivalents d'oxy-chlorure de magnésium, trois équivalents d'acide carbonique et trois équivalents de sous-carbonate, comme il suit :

$$4\,(Cl.M_g) \atop 4\,[(CO^2)^3 + (M_gO)^4]\Big\} = \Big\{ {4\,[(Cl.M_g) + M_gO] \atop 12\,(CO^2 + M_gO)} \quad =$$

$$= \Big\{ {3\,(CO^2) \atop 3\,[(CO^2)^3 + (M_gO)^4]}.$$

Cette réaction continuera jusqu'à épuisement de sous-carbonate, le chlorure de magnésium étant en assez grande quantité pour cela. La magnésie libre participera aussi à cette réaction, et sera absorbée par le chlorure de magnésium, et peut-être aussi par le sulfate de magnésie. En sorte que le liquide aura une tendance à perdre son aspect laiteux, qui était dû à la magnésie et au sous-carbonate.

5° Une fois le carbonate de chaux transformé en chlorure, la chaux n'existera plus qu'à l'état de sel soluble : chlorure et sulfate. Mais comme le premier de ces sels est plus soluble que le second, et qu'il se trouve en présence du sulfate de magnésie, plus soluble aussi que le sulfate calcaire, il en résulte que lorsque l'eau sera parvenue au point de saturation, relativement au sulfate de chaux, il y aura précipité, non-seulement du sulfate de chaux préexistant, mais encore de celui que produira la réaction entre le chlorure de calcium et le sulfate de magnésie.

Ainsi, dans l'acte de l'incrustation, les sels calcaires se réduisent tous en sulfate, et l'on peut, au point de vue particulier de l'incrustation produite par l'eau de mer, considérer toute la chaux préexistant dans cette eau comme à l'état de sulfate.

Il résulte aussi de ce qui précède que le carbonate de chaux, bien que préexistant dans l'eau de mer, ne peut pas se trouver dans les dépôts qu'elle forme dans les chaudières.

Formation des dépôts dans les chaudières alimentées à l'eau douce.

1. Les eaux douces ont une composition très-variable, suivant les terrains qu'elles traversent. Elles contiennent

toutes du bicarbonate de chaux; la plupart renferment aussi du sulfate de chaux en proportion plus ou moins considérable, et ces deux corps forment en général la partie principale des sels tenus en dissolution par les eaux douces; car les chlorures de sodium, potassium, calcium, magnésium, les sulfates de magnésie de potasse, qu'elles renferment aussi généralement, ne s'y trouvent qu'en très-faible proportion.

Dans l'incrustation produite par les eaux douces, il se passe les mêmes réactions que nous avons décrites plus haut entre les sels calcaires et les sels magnésiens; mais comme ceux-ci sont en très petite quantité relativement aux premiers, ces réactions n'exercent pas d'influence sensible sur le résultat, et l'on peut considérer l'incrustation comme due uniquement aux bicarbonate et sulfate de chaux.

2. Dès les premiers moments de l'ébullition, le bicarbonate de chaux dégage de l'acide carbonique et se précipite, à l'état de carbonate neutre, en une poudre très-fine et très-légère qui devient plus lourde et se rassemble par une ébullition plus prolongée. Ce précipité, étant très-ténu, pourra se loger en partie dans les aspérités que présente la surface d'un vase en fer, mais ne s'y accumulera point par voie de cristallisation, et ne formera point par conséquent de croûte.

Mais le carbonate de chaux neutre n'est pas tout à fait insoluble dans l'eau : la quantité qu'elle retient en dissolution est, d'après Buchloz, de $\frac{1}{24000}$ à $\frac{1}{16000}$. C'est cette partie du carbonate de chaux qui, par l'effet de la vaporisation, se dépose lentement en cristallisant et forme incrustation. Toutefois, dans les chaudières où la vaporisation est très-tranquille et lente, et où l'eau arrive par des conduits chauffés graduellement, le carbonate produit par le dégagement de l'acide carbonique cristallise en partie dans ces conduits et dans les endroits calmes de la surface de chauffe, et y forme d'abondantes concrétions.

Quant au sulfate de chaux, il se dépose par cristallisation et en formant des croûtes, dès le moment où, par la concentration, l'eau est parvenue à saturation par rapport à ce sel. On conçoit que si l'ébullition est tumultueuse, une partie de ce sel se déposera en petits cristaux désagrégés.

La cristallisation du carbonate et du sulfate calcaires ont donc lieu simultanément à partir du moment de la saturation de ce dernier, et ces deux sels concourent à la formation des croûtes, le premier dans une proportion constante (puisque l'eau douce, à l'ébullition, peut être considérée comme toujours saturée de carbonate neutre), et le second dans une proportion variable, suivant la richesse de l'eau en sulfate.

———

NOTE N° 3.

Solubilité des sulfate et carbonate de chaux dans les eaux en ébullition sous différentes pressions.

En général, les sels sont plus solubles à chaud qu'à froid dans certaines limites de température. Certains sels calcaires, ou du moins les sulfate et carbonate, sont au nombre des exceptions à cette règle. J'ai observé, en effet, à l'égard du sulfate, que lorsque, par l'ébullition à l'air libre, soit d'eau de mer, soit d'eau de puits, on a déterminé un commencement de précipité de sulfate de chaux, celui-ci se redissout tout à fait par le refroidissement.

Or, comme l'incrustation est l'effet de la cristallisation du sulfate et de carbonate de chaux, il était essentiel d'étudier les modifications que peut éprouver la solubilité de ces sels dans des eaux bouillant sous diverses pressions ou à diverses températures.

1. *Solubilité du sulfate de chaux dans l'eau de mer.*

1° J'ai commencé par déterminer les proportions de sulfate de chaux contenues dans l'eau de mer, amenée, à divers degrés de concentration, soit par l'ébullition à l'air libre pour les degrés supérieurs, soit par l'addition d'eau distillée pour les degrés inférieurs à la densité naturelle. (D'après la remarque contenue dans la note n° 2, je considère toute la chaux comme existant à l'état de sulfate dans l'eau de mer.)

Le tableau A ci-après indique ces proportions correspondantes à des degrés de Beaumé, depuis 0° jusqu'à 12°,5, point de saturation pour l'ébullition sous la pression atmosphérique, et s'applique également à l'eau de l'Océan et à celle de la Méditerranée prises sur nos côtes. (L'aréomètre de Beaumé était observé à 15° de température.)

TABLEAU A.

CONCENTRATION en degrés de Beaumé.	PROPORTIONS de sulfate de chaux. — Sur 100 d'eau.	CONCENTRATION en degrés de Beaumé.	PROPORTIONS de sulfate de chaux. — Sur 100 d'eau.
degrés.		degrés.	
0	0,000	7	0,267
1	0,023	8	0,310
2	0,060	9	0,355
3	0,097	10	0,395
4	0,140	11	0,432
5	0,183	12	0,477
6	0,226	12,5	0,500

2° J'ai déterminé ensuite le degré de température auquel bout, à l'air libre, l'eau concentrée à 12°,5 de l'aréomètre, qui est le point de saturation : j'ai trouvé 103° de température.

Puis, pour diverses températures comprises entre 103 et 130°, j'ai déterminé le degré de concentration auquel l'eau se trouve à saturation de sulfate de chaux, et le tableau A ci-dessus m'a donné la solubilité correspondante.

A cet effet, j'ai pris des échantillons de ces eaux, amenées à divers degrés de concentration. J'ai introduit une petite quantité de chacun d'eux dans des tubes de $0^m,1$ de long, de 0,01 de diamètre et de 0,001 d'épaisseur, effilés par un bout et fermés ensuite à la lampe. J'ai placé dans un bain d'huile, chauffé à la température expérimentée, cinq ou six de ces tubes marquant des concentrations consécutives. Et, au bout de 1 heure 1/2 de chauffage à cette température constante, je notais ceux de ces tubes qui contenaient un dépôt de sulfate de chaux. Le degré de concentration auquel la saturation a lieu pour cette température, étant compris entre celui des tubes contenant du dépôt, qui marquait le degré le plus bas, et celui des tubes ne contenant point de dépôt, qui marquait le degré le plus haut, je recommençais l'opération pour une eau de degré intermédiaire. Et je parvenais ainsi à déterminer le degré de concentration, auquel le liquide arrive à saturation pour la température de l'expérience.

J'ai trouvé ainsi :

Températures . . . . 103° 111° 119° 125° 130°
Degrés de concentration aux-
   quels la saturation a lieu. 12°,5 9° 5°,8 3°,75 2°

Ces résultats permettent de construire la courbe qui représente graphiquement la relation existante entre les températures, comptées à partir de 103° et considérées comme abscisses, et les degrés de concentration considérés comme ordonnées comptées à partir de 0.

Cette courbe forme, à peu près, une ligne droite : ce qui prouve que, comme les pressions croissent très-rapidement avec la température, la solubilité du sulfate décroît très-rapidement à mesure que la pression augmente.

En combinant les résultats indiqués par cette courbe avec ceux du tableau A, on connaîtra la solubilité correspondante aux diverses températures. Par ce moyen, on a pu construire le tableau ci-après :

TABLEAU B. — *Solubilité du sulfate de chaux dans l'eau de mer à diverses températures.*

DEGRÉS de l'aréomètre correspondants à la saturation.	TEMPÉRATURES	SOLUBILITÉ du sulfate de chaux sur 100.	DEGRÉS de l'aréomètre correspondants à la saturation.	TEMPÉRATURES	SOLUBILITÉ du sulfate de chaux. sur 100.
degrés.	degrés.		degrés.	degrés.	
12,5	103,00	0,500	6	118,50	0,226
12	103,80	0,477	5	121,20	0,183
11	105,15	0,432	4	124,00	0,140
10	108,60	0,395	3	127,90	0,097
9	111,00	0,355	2	130,00	0,060
8	113,20	0,310	1	133,30	0,023
7	115,80	0,267			

3° On voit qu'à partir de 130° de température, la solubilité du sulfate de chaux devient très-faible. Il importait, pour la question qui nous occupe, de s'assurer si, pour une certaine température, cette solubilité devient nulle, et de déterminer ce degré, ou du moins une limite supérieure de ce degré.

Pour éclaircir ce point, j'ai pris 100 centimètres cubes d'eau distillée que j'ai additionnés de deux gouttes d'eau de mer naturelle à $4°,25$; chaque goutte formant $0,068$ de cent. cubes, et les deux gouttes contenant par conséquent $2 \times 0,068 \times 0,0015 = 0^{er},0002$ de sulfate de chaux. Le mélange renfermait donc $0,000002$ de ce sel. J'ai ensuite exposé à une température de 140° un tube de verre fermé contenant un peu de cette eau. Au bout de quinze minutes, j'ai examiné le tube en le plaçant entre l'œil et les rayons solaires, et j'ai constaté un dépôt, sous forme de pellicules infiniment déliées, irisées, nageant dans le liquide. Ces pellicules ne sont autre chose que du sulfate de chaux déposé sur la paroi, et détaché ensuite par les contractions du verre au contact de l'air froid.

J'ai fait une opération semblable avec un mélange de 100 cent. cubes d'eau distillée et de deux gouttes d'un autre mélange contenant $\dfrac{1}{40}$ d'eau de mer. Le mélange définitif contenait par conséquent une proportion de sulfate de chaux exprimée par

$$\frac{0,068 \times \dfrac{2}{40} \times 0,0015}{100} = 0,00000005.$$

Au bout de 30 minutes, j'ai reconnu la présence de petites pellicules comme dans l'expérience précédente.

On peut donc considérer le sulfate de chaux comme totalement insoluble dans l'eau de mer, et *à fortiori* dans l'eau douce, à des températures entre 140 et 150°. Et ce fait est encore confirmé par un autre relaté plus bas.

Il est utile de remarquer que les dépôts de sulfate, obtenus dans ces expériences, se dissolvent par le refroidissement, mais avec d'autant plus de lenteur que la température à laquelle ils se sont formés est plus élevée. Ainsi, le précipité obtenu à 150° met cinq à six jours pour se redissoudre complétement (*).

2. Solubilité du sulfate de chaux dans les eaux douces.

Ce que nous avons dit de la solubilité du sulfate de chaux dans l'eau de mer, aux températures supérieures à 130°, s'applique évidemment aussi aux eaux douces, et cela nous suffit pour la solution de la question qui nous occupe.

3. Solubilité du carbonate de chaux dans les eaux douces.

La solubilité du carbonate de chaux, de beaucoup inférieure à celle du sulfate pour des températures peu supérieures à 100°, décroît moins vite que celle-ci à mesure que la température augmente; et il arrive un moment où le sulfate de chaux devient moins soluble que le carbonate. En effet, si l'on met dans un tube de verre, qu'on ferme ensuite à la lampe, du carbonate de chaux récemment précipité et une dissolution de sulfate d'ammoniaque ou de soude, ou de potasse ou de magnésie, et qu'on chauffe graduellement jusqu'à 130 ou 140°, il se forme des cristaux de sulfate de chaux qui tapissent les parois du tube, et l'eau devient alcaline.

Toutefois, de même que le sulfate de chaux, le carbonate devient de moins en moins soluble à mesure que la température s'élève; et à 150°, on peut considérer cette solubilité comme nulle. En effet, si l'on expose pendant quelque temps à cette température de l'eau tenant du carbonate neutre en dissolution, il se forme un précipité nuageux; et si, immédiatement après le refroidissement du liquide, on le filtre, et qu'on y verse de l'oxalate d'ammoniaque, on n'y aperçoit aucun trouble, même après un laps de temps de plusieurs jours : ce qui prouve que le carbonate de chaux est devenu au moins aussi insoluble que l'oxalate calcaire.

Ce fait, joint à celui que nous venons de relater sur la

(*) Il semble permis de conclure de ces faits que l'insolubilité du sulfate de chaux à une température élevée est l'effet d'une déshydratation complète de ce sel ; et cette circonstance conduirait à une explication très-plausible de la formation géologique de l'*anhydrite*.

réaction entre le carbonate de chaux et les sulfates alcalins, confirme l'insolubilité totale du sulfate de chaux que nous avions prouvée directement plus haut.

Ce fait prouve aussi un autre point important : c'est que non-seulement le carbonate de chaux est précipité entièrement par une température de 150°, mais encore que ce précipité, ou reste insoluble dans l'eau refroidie (à l'abri de l'acide carbonique), ou ne s'y redissout que très-lentement.

NOTE N° 4.

Essais du procédé de l'évacuation.

Pour reconnaître le degré d'efficacité dont le procédé de *l'évacuation* est susceptible, comme préservatif contre l'incrustation dans les chaudières à basse pression, je l'ai soumis aux expériences ci-après (*fig.* 14, Pl. IV):

Une chaudière A cylindrique, en tôle de fer, d'environ 50 litres de capacité, a été établie sur un fourneau, à peu près dans les mêmes conditions qu'un générateur de machine fixe : elle présentait une surface de chauffe *directe* (ou exposée directement au rayonnement du foyer et au contact de la flamme) sur la moitié de sa longueur, et une surface de chauffe *indirecte* (ou exposée au seul contact des gaz de la combustion) sur l'autre moitié de la longueur. Les gaz brûlés et la fumée entraient dans le carneau C, circulaient autour de l'arrière de la chaudière et revenaient sur les flancs par le carneau C', d'où ils passaient dans la cheminée B.

Le feu fait avec du charbon de Mons était poussé à peu près comme dans un fourneau ordinaire de machine à vapeur, et le robinet R de dégagement était ouvert de manière à ce que la pression ne dépassât point la pression atmosphérique de $\frac{1}{2}$ mètre d'eau ou $\frac{1}{20}$ d'atmosphère.

On a évaporé de l'eau de l'Océan marquant 3°,5 de Beaumé. L'eau alimentaire était introduite par une pompe à plongeur, manœuvrée par un homme, au fur et à mesure des besoins. L'évacuation devait être faite par une autre pompe à plongeur dont le mouvement, lié à celui de la pompe alimentaire, était réglé par un *temps perdu*, de manière à obtenir une évacuation dans la proportion voulue relativement à l'alimentation.

Bien qu'à peu près convaincu que cette disposition ne donnerait pas une évacuation suffisamment régulière et précise, je voulus d'abord en essayer, afin de savoir avec certitude à quoi m'en tenir sur la marche des pompes d'*épuisement d'eaux-mères*, employées à bord des steamers transatlantiques et de la flotte de l'État. L'expérience a pleinement confirmé ces prévisions : quoique l'eau alimentaire fût limpide et que la chaudière eût été décapée aussi bien que possible, l'eau fut bientôt troublée par un précipité brun formé d'oxyde de fer et de magnésie, lequel obstruait à chaque instant la soupape et l'empêchait de retomber exactement sur son siége : l'aspiration de la pompe était très-irrégulière, et souvent elle ne se faisait pas du tout. Je fus donc obligé de renoncer à l'emploi de la pompe, et l'évacuation fut faite au moyen d'un robinet manœuvré à la main par intermittences espacées d'environ dix minutes. Chaque évacuation était suivie immédiatement d'une alimentation dans la proportion voulue, et chaque fois on reconnaissait la densité de l'eau évacuée, pour s'assurer que le degré de concentration qu'on s'était proposé pour limite n'était point dépassé.

1re *Expérience.* Dans cette expérience, l'évacuation a été constamment de $\frac{1}{3}$ de l'alimentation ; et comme elle avait pour but de maintenir la densité au-dessous de 11° de Beaumé, on n'a commencé à évacuer que lorsque l'eau a eu atteint 9°.

L'opération a duré cinq jours de cinq heures de marche chaque. On a évaporé en tout 200 litres, soit à raison de 8 litres par heure ; et comme la surface de chauffe était de 0^{mq},31, l'évaporation a été de 25 litres par mètre quarré ; vitesse de vaporisation ordinaire des générateurs.

Le résultat de cette expérience a été une incrustation notable de la surface de chauffe directe : la croûte avait 1^{mm},5 à l'endroit le plus épais ; elle couvrait le fond de la chaudière dans l'étendue de l'arc *ab*, un peu plus long en projection horizontale que la largeur de la grille ; elle était limitée par deux lignes coïncidant à peu près avec les génératrices passant aux points *a* et *b* ; seulement, vers l'embouchure du carneau C , la croûte se relevait vers la génératrice *a'*, suivant ainsi, pour ainsi dire, les mouvements de la flamme. Les autres parties de la surface *indirecte* étaient sans incrustation et entièrement nettes.

2ᵉ *Expérience*. On a fait une autre expérience dans les conditions ci-dessus, avec cette seule différence que l'évacuation était de $\frac{1}{2}$ au lieu de $\frac{1}{3}$ relativement à l'alimentation. En sorte que, pendant toute l'opération, l'eau a été maintenue au-dessous de 8° de concentration. On a évaporé 200 litres dans l'espace de vingt-cinq heures, et en suivant à peu près la même vitesse de vaporisation de 8 litres par heure.

Le résultat a été à peu près le même que dans la première expérience.

Il faut conclure de ces résultats que le procédé de l'*évacuation* est d'une efficacité incomplète : il peut empêcher l'incrustation de la surface de chauffe *indirecte* ; mais il est impuissant pour protéger la surface de chauffe *directe*.

NOTE N° 5.

*Perte de force motrice par suite de la résistance
du condenseur.*

Considérons un condenseur, d'un système quelconque, dans lequel la destruction de la vapeur n'est pas subite, et éprouve un certain retard correspondant à une fraction de la course du piston. Ainsi L étant la longueur de la course, nL exprimera le retard qu'éprouve la destruction complète de la vapeur à chaque coup simple de piston, ou la portion de course pendant laquelle la condensation s'opère. Et pour passer de ce cas général à celui du *condenseur ordinaire*, où la condensation est à très-peu près subite, il n'y aura qu'à faire $n = o$ dans les formules.

Soit T_u la partie du travail moteur utilisée.

T_r le travail résistant du condenseur, supposé d'un système quelconque (*).

Π la pression de la vapeur avant la détente.

P la pression de la vapeur à la fin de la détente, ou à la fin de la course du piston, ou au moment où la vapeur, qui est actuellement dans le cylindre, va commencer à se condenser.

p la pression normale dans le condenseur, c'est-à-dire celle qui subsiste après la condensation, et qui est due uniquement à la température de l'eau condensée.

L la longueur de la course du piston.

E la partie de cette course, qui s'accomplit sous la pression Π sans détente.

nL la fraction de course pendant laquelle la condensation s'opère, et après laquelle le condenseur a pris la pression normale p.

m le rapport obtenu en divisant la somme des capacités du cylindre et de la partie vide du condenseur par la capacité du cylindre ; c'est-à-dire $\dfrac{\text{cylindre} + \text{condenseur}}{\text{cylindre}} = m$. En sorte que la pression initiale de la vapeur, au moment où elle entre dans le condenseur, sera, en raison inverse des volumes, $\dfrac{P}{m}$ en négligeant la pression p par rapport à P.

Pendant la période nL de la course, la pression dans le condenseur diminue graduellement depuis $\dfrac{P}{m}$ jusqu'à p ; et pendant la période $(1-n)$L, la pression reste constante et égale à p. Prenons la *fig.* 15, Pl. IV.

Si l'on représente L par aa'', nL par aa', $(1-n)$L sera représenté par $a'a''$. Et si l'on prend l'ordonnée aA $= \dfrac{P}{m}$, et les ordonnées a'B, a''C égales à p ; les pressions suc-

---

cessives par lesquelles passera le condenseur seront représentées par les ordonnées d'une certaine ligne qui sera
droite de B en C , et courbe de B en A , mais qui sera tangente en B à la portion BC.

Le travail T_r du condenseur sera exprimé par la surface S
du piston , multipliée par l'aire de la courbe ABC; car cette
aire exprime la somme des produits élémentaires de la pression par l'espace élémentaire parcouru.

L'aire $a'BCa''$ est égale à $(1 - n)L . p$. Pour déterminer
l'aire $aABa'$, il faudrait connaître la courbe AB. Dans un cas
particulier, on pourrait la déterminer expérimentalement à
l'aide de l'indicateur de Watt ; mais , dans cette analyse
générale , nous remplacerons cette courbe par une parabole
qui aurait son sommet en B, passerait au point A , et dont
l'axe serait par conséquent parallèle à l'axe des Y; et cette
parabole différera généralement peu de la vraie courbe.

Cette parabole sera de la forme $y = \alpha x^2 + \tau x + \gamma$, et
pour déterminer les coefficients , on aura les équations suivantes :

$$y_0 = \gamma$$
$$y_{aa'} = \alpha n^2 L^2 + \tau nL + \gamma = p$$
$$\frac{dy_{aa'}}{dx} = 2\alpha nL + \tau = 0,$$

d'où l'on tire :

$$\alpha = \frac{\dfrac{P}{m} - p}{n^2 L^2} , \quad \tau = -2 \frac{\dfrac{P}{m} - p}{nL} , \quad \gamma = \frac{P}{m} ,$$

et l'équation de la courbe devient :

$$y = \frac{\dfrac{P}{m} - p}{n^2 L^2} x^2 - 2 \frac{\dfrac{P}{m} - p}{nL} x + \frac{P}{m} ,$$

et pour l'aire $aABa'$, on aura :

$$\int_0^{nL} y\, dx = \frac{n}{3} L \left(\frac{P}{m} + 2p \right),$$

on aura donc pour le travail résistant du condenseur :

$$T_r = SL \left[\frac{n}{3}\left(\frac{P}{m} + 2p\right) + (1-n)p \right] =$$

$$= SL \frac{1}{3} \left[n\left(\frac{P}{m} - p\right) + 3p \right].$$

Le travail développé par le moteur T_m est :

$$T_m = SIIE \left[1 + 2,3026 . \log \frac{L}{E} \right],$$

et l'on sait que le travail utilisé T_u est généralement les 0,6 de T_m. On a donc :

$$T_u = SIIE . 0,6 \left[1 + 2,3026 . \log \frac{L}{E} \right].$$

En comparant le travail résistant du condenseur au travail utilisé, on aura donc :

$$\frac{T_r}{T_u} = \frac{5}{9} \frac{L}{E} \frac{n\left(\frac{P}{m} - p\right) + 3p}{II\left(1 + 2,3026 . \log \frac{L}{E}\right)}. \qquad (1)$$

Telle est la relation qui existe entre le travail résistant d'un condenseur quelconque et le travail utilisé.

Faisant $n = 0$ pour le cas du condenseur ordinaire, et désignant par T_r^0 cette valeur particulière de T_r, on a :

$$\frac{T_r^0}{T_u} = \frac{5}{3} \frac{L}{E} \frac{p}{II\left(1 + 2,3026 . \log \frac{L}{E}\right)}. \qquad (2)$$

et, en divisant membre à membre (1) par (2), on a :

$$\frac{T_r}{T_r^0} = 1 + \frac{\frac{P}{m} - p}{3p} . n. \qquad (3)$$

et par conséquent :

$$\frac{T_r - T_r^0}{T_r^0} = \frac{\frac{P}{m} - p}{3p} . n. \qquad (4)$$

Cette dernière formule exprime l'accroissement de résistance dû au retard que la condensation éprouve, retard exprimé par la fraction n. Et comme le coefficient

$$\frac{\dfrac{P}{m}-p}{3p}$$

est plus grand que 1 dans toutes les applications, cet accroissement de résistance sera considérable, à moins que n ne soit une petite fraction.

APPLICATIONS.

1° *Machines à basse pression* $(1^{\text{at}}, 25)$.

$\Pi = 950$ mill. mercure ; supposant la détente aux $\dfrac{2}{3}$, $P = 634$ mill. ; supposant qu'on condense à 30° de température, $p = 31$ mill. ; et soit $m = 2$, plus m est grand et moins est grande la résistance due au retard de la condensation. Mais les dimensions du condenseur ne peuvent pas, surtout dans une machine navale, être exagérées. Nous supposerons, comme cas le plus favorable, que la chambre vide du condenseur ait une capacité égale à la capacité du cylindre, ou $m = 2$.

On a :

$$\frac{T_r - T_r^{\circ}}{T_r^{\circ}} = 3,07 \cdot n \, ; \quad T_r^{\circ} = 0,058 \cdot T_u \, ; \quad \text{et pour } n = 1,$$
$$T_r = 0,236 \cdot T_u.$$

2° *Machines à moyenne pression* (3 atm.).

$\Pi = 2280^{\text{mm}}$. détente au $\dfrac{1}{5}$; $P = 456^{\text{mm}}$; $p = 31^{\text{mm}}$.

On a :

$$\frac{T_r - T_r^{\circ}}{T_r^{\circ}} = 2,12 \cdot n \, ; \quad T_r^{\circ} = 0,043 \cdot T_u \, ; \quad \text{et pour } n = 1,$$
$$T_r = 0,134 \cdot T_u.$$

3° *Machines à haute pression* (5 atm.).

$\Pi = 3800^{\text{mm}}$ détente au $\dfrac{1}{10}$, $P = 380^{\text{mm}}$; $p = 31^{\text{mm}}$.

On a :

$$\frac{T_r - T_r^o}{T_r^o} = 1,71.n \; ; \; T_r^o = 0,041.T_u \; ; \; \text{et pour } n = 1,$$

$$T_r = 0,111 . T_u.$$

On voit par là combien il importe que n soit une petite fraction ; c'est-à-dire que la durée de la condensation de la vapeur soit très-petite par rapport à celle d'un coup de piston simple.

EXTRAIT DES REGISTRES

DES DÉLIBÉRATIONS DE LA COMMISSION CENTRALE
DES MACHINES A VAPEUR.

*Avis de la commission centrale des machines à vapeur
sur le travail précédent.*

Dans sa séance du 24 janvier 1854, à laquelle assistaient MM. Cordier, Thirria, Combes, Mary, Lorieux, Lamé, Couche, Fournel, Callon, la Commission, sur le renvoi de M. le ministre de l'agriculture, du commerce et des travaux publics, en date du 8 novembre 1853, a pris connaissance des pièces concernant un mémoire sur l'incrustation des générateurs à vapeur; et elle a entendu la lecture du rapport suivant, rédigé par son secrétaire-adjoint :

RAPPORT.

M. Cousté, ancien élève de l'école polytechnique, inspecteur de l'administration des tabacs, a fait parvenir à M. le ministre de l'agriculture, du commerce et des travaux publics, un mémoire contenant l'exposé et les résultats des recherches auxquelles il s'est livré sur les incrustations des générateurs de vapeur alimentés avec de l'eau de mer ou avec des eaux douces, et sur les moyens de prévenir ces incrustations.

M. le ministre, conformément au désir exprimé par l'auteur, a renvoyé ce mémoire à la commission centrale des machines à vapeur, afin d'avoir ses observations et son avis.

Je viens rendre compte à la commission de ce travail très-intéressant, fruit de plusieurs années d'études consciencieuses. J'en présenterai d'abord une analyse succincte; puis j'entrerai dans quelques détails sur les points principaux des faits constatés, ou des théories proposées par l'auteur.

M. Cousté commence par faire ressortir l'importance de la question, en remarquant que de la suppression des incrustations, si l'on parvient à la réaliser, résulteront en général une meilleure conservation des générateurs, une plus grande sécurité contre les explosions, et surtout une grande économie de combustible, et pour les bateaux marins en particulier une extension de leur tonnage utile, et la possibilité d'employer de la vapeur à haute pression, d'utiliser la détente sur une plus grande échelle, et par suite une nouvelle économie de combustible indépendante de la première.

Il expose ensuite le résultat de ses études sur la nature et sur les circonstances essentielles de la formation des dépôts, tant dans les chaudières marines que dans celles alimentées à l'eau douce. Il présente à ce sujet des aperçus nouveaux, ou qui du moins n'avaient pas encore été exposés d'une manière aussi nette et aussi précise.

Le résultat capital est une explication qui me paraît nouvelle de ce fait bien connu que jusqu'à présent il a paru à peu près impossible d'employer la haute pression dans les chaudières navales.

Je reviendrai tout à l'heure sur cette explication.

M. Cousté expose ensuite et discute les moyens, au nombre de quatre, qui lui paraissent pouvoir être employés pour combattre les incrustations.

Le premier repose sur le principe connu et pratiqué de *l'évacuation*. Il consiste, comme l'on sait, à extraire, soit d'une manière intermittente, soit d'une manière continue, une certaine quantité de l'eau, plus ou moins saturée, de la chaudière, dont la proportion est réglée par la condition qu'il sorte ainsi de la chaudière une quantité de matières salines égale à celle qu'y introduit l'eau d'alimentation.

L'auteur pense que ce procédé est incomplet pour la basse pression, et radicalement impuissant pour la haute pression.

Toutefois, comme le plus grand nombre de bateaux marins est encore à basse pression, il est d'avis que ce procédé mérite de fixer l'attention, et il propose un appareil d'extraction qui lui paraît préférable à ceux qui sont le plus habituellement en usage.

Le second moyen repose sur ce que M. Cousté désigne sous le nom d'*alimentation monhydrique*. Ce moyen, connu depuis longtemps, exige l'emploi de condenseurs fermés, dits habituellement condenseurs de Hall.

L'auteur exprime l'avis que ce principe ne peut mener à aucun résultat pratiquement utile, par divers motifs secondaires et par cette raison principale que la condensation n'étant pas instantanée, il subsiste dans le cylindre une contre-pression nuisible pendant une partie trop considérable de la course du piston. Il cherche à déterminer par le calcul, au moyen de certaines hypothèses, la perte de force motrice qui en résulte, et il arrive pour une machine à basse pression au chiffre de 3o p. 100.

Le troisième moyen repose sur le principe de la *condensation monhydrique*, qui consiste à employer pour condenser la vapeur, une seule et même eau condensante, qui chaque fois qu'elle aura passé au condenseur, sera suffisamment refroidie pour qu'elle devienne apte à condenser de nouveau.

Ce moyen permet l'emploi d'un condenseur ordinaire, où la vapeur et l'eau sont en contact immédiat, et où par conséquent il y a condensation instantanée ; mais il exige l'emploi d'un réfrigérant très-puissant. M. Cousté en propose un qui lui paraît remplir toutes les conditions désirables, et qui présente des dispositifs convenables pour faire les nettoyages tant à l'intérieur qu'à l'extérieur des surfaces réfrigérantes, par une manœuvre prompte et facile, et sans même arrêter la machine.

Enfin le quatrième moyen proposé, qui appartient en propre à M. Cousté, consiste à alimenter *avec de l'eau surchauffée*, c'est-à-dire portée à une température d'au moins 150°, avant d'être introduite dans le générateur.

L'auteur admet que les sels calcaires (carbonate et sulfate) seront entièrement précipités.

Ce moyen exige l'emploi d'un appareil spécial nommé *surchauffeur* et d'un appareil à filtrer pour séparer le précipité. Le projet de ces deux appareils est présenté par l'auteur, qui remarque d'ailleurs que le filtrage, nécessaire pour les machines à moyenne ou à basse pression, ou pour celle à haute pression, mais à travail intermittent, pourrait être supprimé pour *les chaudières marines à haute pression*, attendu que les sels précipités dans le surchauffeur ne pouvant plus se redissoudre dans la chaudière, ni par suite cristalliser de nouveau, n'y formeraient plus qu'un dépôt vaseux et non une incrustation adhérente.

Enfin, comme conclusion de son travail, M. Cousté comparant les divers moyens qui viennent d'être énumérés, pense que le dernier devra être préféré pour la navigation soit maritime, soit fluviale, et exclusivement employé pour les locomotives, tandis que le troisième, plus encombrant, pourrait être appliqué aux machines de terre placées dans des conditions de local convenables.

Tels sont les différents points traités dans le mémoire soumis à l'examen de la commission.

Je n'ai qu'une observation à faire sur la première partie de ce travail, celle dans laquelle l'auteur fait ressortir l'importance de la question dont il s'occupe ; importance qui, je crois, est généralement reconnue. Elle est relative à l'économie de combustible à attendre de la suppression des incrustations. Dans une note spéciale, insérée à la fin du mémoire, l'auteur essaye d'apprécier numériquement cette économie. A cet effet, il compare deux *chaudières identiques et placées dans les mêmes conditions*, sauf que l'une est revêtue d'une incrustation calcaire sur toute l'étendue de la surface de chauffe directe et indirecte, tandis que l'autre est sans incrustation et seulement recouverte d'une légère couche d'oxyde. Il les suppose conduites de manière à produire des quantités égales de vapeur dans des temps égaux. Il en résulte qu'il faut augmenter l'intensité du feu sous la chaudière incrustée, d'où une plus grande perte de chaleur par les gaz qui s'échappent dans la cheminée et par le rayonnement extérieur du fourneau. La première de ces deux causes de perte est évidemment la plus considérable; c'est la seule que l'auteur cherche à évaluer.

Moyennant certaines hypothèses propres à simplifier les calculs, M. Cousté arrive à ce résultat que la suppression d'une incrustation qui n'a que 3 à 5 millimètres d'épaisseur, peut amener une économie de 40 à 50 p. 100.

Le fait de l'économie me paraît admissible en général, mais dans une beaucoup moindre mesure que le calcul ne l'indique. Ce n'est pas, en effet, par des considérations théoriques, mais bien par des données d'expériences que les constructeurs déterminent la surface de chauffe qu'ils doivent employer pour produire pratiquement une vaporisation déterminée. Ces données sont déduites d'observations faites sur des chaudières placées dans divers états d'incrustation, et la surface de chauffe ainsi déterminée est plus grande qu'elle ne devrait l'être pour des chaudières parfaitement décapées. Or, si on brûle sous une chaudière *incrustée* ayant *une grande surface de chauffe*, et sous une chaudière *décapée* ayant une *surface moindre*, des quantités égales de combustible, et si les étendues de ces surfaces sont proportionnées de manière à compenser l'inégalité de leur conductibilité intérieure et extérieure, et à faire en sorte que les gaz arrivent au bas de la cheminée à la même température, il semble que le combustible doive être utilisé au même degré dans les deux cas.

En d'autres termes, *un état donné* d'incrustation peut ne pas amener d'augmentation dans la consommation de combustible, *si la surface de chauffe est en même temps suffisamment étendue.* Toutefois les calculs de M. Cousté n'en ont pas moins de l'intérêt, parce qu'ils montrent que la consommation pour *une surface de chauffe donnée* croît rapidement si l'épaisseur de l'incrustation augmente assez pour obliger de pousser le feu avec une activité anormale, et d'envoyer à la cheminée des gaz à une trop haute température. Cela doit suffire, sans doute, indépendamment des autres considérations, pour engager les industriels à tenir toujours leurs chaudières aussi bien décapées que possible.

Les observations de M. Cousté sur la nature et le mode de formation des dépôts ont beaucoup d'intérêt.

Il distingue les dépôts des chaudières marines qui sont formés à peu près exclusivement de sulfate de chaux, et ne contiennent aucune trace de carbonate de chaux ; et ceux des chaudières alimentées à l'eau douce, qui sont formés de sulfate et de carbonate de chaux, en proportion variable selon les localités.

Quant à la nature presque exclusivement séléniteuse du dépôt, elle est très-facile à concevoir.

En effet, d'après une analyse de l'eau de la Méditerranée faite récemment à l'École des Mines, et dont M. l'ingénieur Rivot, directeur du bureau d'essai, m'a communiqué les résultats, il existe dans un litre d'eau de mer :

Acide sulfurique. $2^g,232$ tenant $1^g,397$ d'oxygène. Rapport. 3,5
Chaux. . . . . $1^g,400$ — $0^g,598$ — — 1,0

Ce qui, approché de la formule $CO.SO^3$, montre que l'acide sulfurique est plus que suffisant pour saturer toute la chaux ; et comme d'ailleurs le sulfate de chaux est le moins soluble de tous les sels qui peuvent se former, il est naturel que ce soit lui qui se précipite.

Par une théorie qui lui est propre, M. Cousté explique comment, dans le premier cas, il se précipite, en même temps que le sulfate de chaux, une très-petite quantité de magnésie qui reste pulvérulente.

Il distingue aussi les dépôts simplement vaseux qui sont formés principalement par les matières en suspension dans l'eau, ou par celles qui, comme la magnésie, l'oxyde de fer, la silice, etc., se précipitent sans avoir tendance à se cristalliser, et les dépôts incrustants qui commencent à se former lorsque, par le progrès de l'évaporation, l'eau est arrivée à saturation par rapport aux sels dont ils sont formés.

Enfin, le fait capital qui ressort des observations de M. Cousté, est que cet état de saturation arrive d'autant plus tôt que la température de l'eau est plus élevée, c'est-à-dire que la solubilité du sulfate et du carbonate de chaux diminue dans une proportion rapide à mesure que la température s'élève au-dessus de 100°.

On savait déjà qu'entre 0 et 100° la solubilité du

premier de ces sels avait un maximum qui se trouvait vers 35°, et qu'à 100° la solubilité n'était pas sensiblement plus grande qu'à zéro. Mais on n'avait pas encore étudié ce qui se passe au-dessus de 100°, et M. Cousté est, je crois, le premier qui ait mis en évidence ce fait, que la solubilité est sensiblement nulle aux températures voisines de 150° qui correspondent à 4 ou 5 atmosphères, pression habituelle de la plupart des chaudières à haute pression. Ce fait rend compte d'une circonstance jusqu'ici difficile à expliquer, et que j'ai eu plusieurs fois occasion d'observer : c'est que dans les chaudières à haute pression munies de bouilleurs réchauffeurs (comme en établissent maintenant MM. Farcot, Cavé, et d'autres constructeurs), et alimentées avec des eaux séléniteuses, c'est principalement dans le bouilleur réchauffeur le plus élevé que se fait l'incrustation, et non dans les premiers bouilleurs où l'eau n'est pas encore assez chaude, ni dans la chaudière où cependant a lieu la formation de la vapeur. Il semble donc évident qui la sursaturation est produite non par *l'évaporation*, mais par le seul fait de *l'élévation à une température suffisante*, de sorte que le dépôt se fait dès le moment que l'eau atteint cette température.

M. Cousté explique, par ce même fait, ainsi que je l'ai déjà dit, les difficultés qu'a présentées jusqu'à ce jour l'emploi de la haute pression dans les chaudières marines.

Tous les constructeurs s'accordent, en effet, à reconnaître que lorsqu'on veut marcher à haute pression, on est extrêmement gêné par les dépôts. Aussi malgré les avantages économiques bien connus qui pourraient résulter de l'emploi de la haute pression et de la détente sur une large échelle, malgré la tendance qui se manifeste dans cette direction, la plupart des bateaux

marins marchent-ils encore à *basse pression*, c'est-à-dire
à *une atmosphère et demie*; d'autres marchent à 2 atmo-
spères avec une détente aux 5/10 : enfin la pression la
plus élevée est, je crois, celle de quelques nouveaux
bateaux de la Compagnie anglaise péninsulaire et orien-
tale, de l'Himalaya, par exemple, qui marchent à 40
livres par pouce carré, soit un peu moins de trois atmosphères.

Dans les idées de M. Cousté, il serait impossible
d'aller plus loin, tant qu'on n'aura pas un moyen d'é-
viter les incrustations. Il motive son opinion sur ce que
l'eau de mer à 150° étant déjà *sursaturée par rapport
au sulfate de chaux*, le procédé de l'évacuation n'offre
dans ce cas aucune ressource pour diminuer les incrustations, de sorte que tout le *sulfate de chaux*
introduit avec l'eau doit se retrouver dans les incrustations.

Pour que cette conclusion fût rigoureusement vraie,
il faudrait être certain qu'on ne trouvera pas quelque
dispositif qui, sans empêcher *le dépôt* du sulfate, empêche au moins la formation d'un *dépôt adhérent*.

Or, plusieurs constructeurs fort habiles pensent être
sur la voie de ce perfectionnement, en établissant dans
la chaudière une circulation d'eau rapide, qui non-
seulement empêche l'adhérence du dépôt, mais encore
entretient les surfaces parfaitement décapées.

On peut penser aussi, tout en admettant les faits
établis par M. Cousté, qu'il ne serait pas impossible
d'appliquer jusqu'à un certain point le procédé de l'é-
vacuation, même dans le cas de la haute pression. Dans
les chaudières tubulaires, par exemple, où l'ébullition
est fort vive, les matières solides sont portées à la surface du liquide, et une extraction continue opérée près
de la surface au moyen d'un tube fendu régnant sur

toute la longueur de la chaudière, peut avoir de très-bons résultats.

Il est donc possible que la proposition de M. Cousté ait quelque chose d'un peu trop absolu. Elle est vraie cependant entre certaines limites; elle rend bien compte des difficultés pratiques qu'on a rencontrées jusqu'à ce jour, et il me paraît fort intéressant d'appeler, sur cette proposition et sur le fait qui lui sert de base, toute l'attention des ingénieurs et des constructeurs.

Ce que je viens de dire montre, qu'à mon avis, le procédé de l'évacuation n'est pas aussi impuissant, même pour les hautes pressions, que le pense M. Cousté.

J'émettrai la même idée au sujet de la condamnation que porte l'auteur, contre ce qu'il nomme l'alimentation monhydrique. Admettant même le calcul par lequel il trouve une perte de 3o p. 1oo pour une machine à basse pression, cette perte serait certainement beaucoup moindre pour une machine à haute pression, dans laquelle le vide du condenseur n'aurait pas besoin d'être aussi parfait; et il est bien clair que, dans la pratique, l'efficacité d'un condenseur fermé serait d'autant plus grande et son action d'autant plus rapide que l'on admettrait dans ce condenseur une température plus élevée. Quant aux difficultés pratiques résultant de ce que les parois du condenseur se recouvriraient extérieurement d'incrustations calcaires et intérieurement d'un encrassement dû à l'entraînement des corps gras avec lesquels on lubréfie le piston, je dois dire que les mêmes difficultés se reproduiront dans l'appareil à condensation monhydrique, et il me paraît que les expédients ingénieux proposés par M. Cousté pour y remédier seront applicables dans les deux cas.

Enfin, pour ce qui est de la condensation mono-hydrique et de l'alimentation avec l'eau surchauffée, il ne me paraît pas possible d'émettre un avis définitif sur le mérite de ces procédés, avant qu'ils n'aient été l'objet d'expériences.

On peut dire seulement qu'ils sont fondés sur des principes rationnels, que beaucoup de détails d'exécution en sont ingénieux et ont été étudiés d'une manière complète par M. Cousté ; de sorte que leur publication ne peut aussi qu'offrir beaucoup d'intérêt.

En résumé, j'ai l'honneur de proposer à la commission d'émettre l'avis suivant :

La commission centrale des machines à vapeur, sans admettre dans leur entier ce que les conclusions de l'auteur du travail qui lui est soumis ont, sur certains points, de trop absolu,

Sans se prononcer, quant à présent, sur le mérite de dispositions qui n'ont point encore été expérimentées,

Pense que ce travail présente des faits et des observations propres à jeter un grand jour sur la question importante des incrustations des chaudières à vapeur en général et spécialement des chaudières marines ; et émet l'avis que le susdit travail soit inséré, ou par extrait, ou *in extenso*, s'il est possible, avec le présent rapport, dans les *Annales des mines* et les *Annales des ponts et chaussées*.

Signé : J. CALLON.

La commission, après en avoir délibéré, approuvant les observations contenues dans ce rapport, en adopte les conclusions.

Le président de la commission,
L. CORDIER.

Le secrétaire adjoint de la commission,
J. CALLON.

Pl. IV.

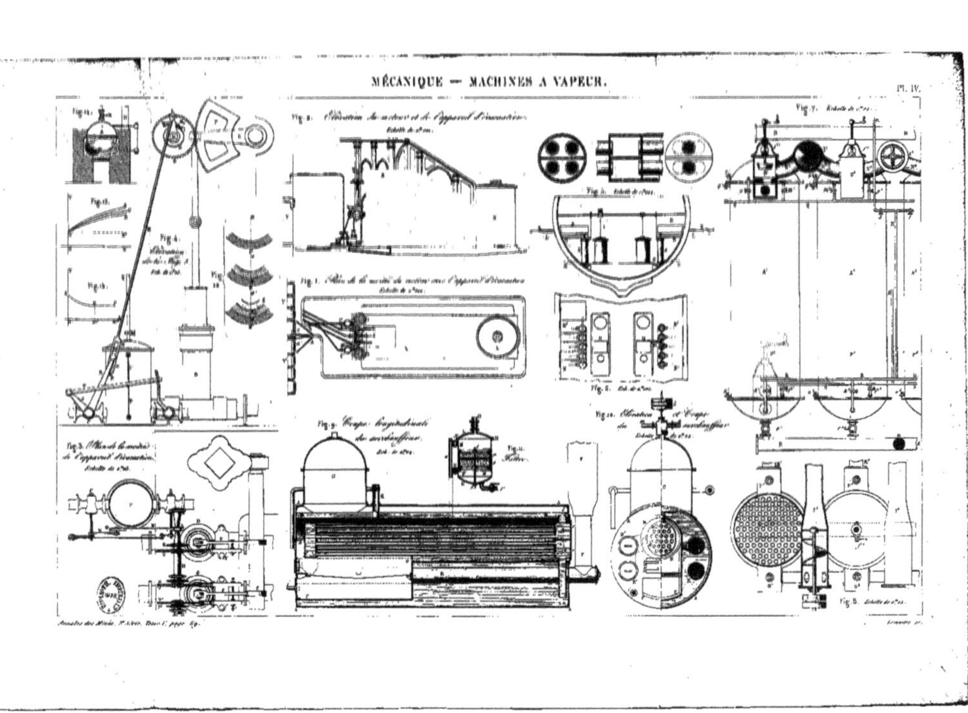

9 782013 615518